Verständliche Wissenschaft

Achter Band

Einführung in die anorganische Chemie

Von

W. Strecker

Berlin · Verlag von Julius Springer · 1929

ISBN-13: 978-3-642-90447-9   e-ISBN-13: 978-3-642-92304-3
DOI: 10.1007/978-3-642-92304-3

Softcover reprint of the hardcover 1st edition 1929

Inhaltsverzeichnis.

VI

I. Einleitung.

Elemente.

Von den Erscheinungen, die wir täglich in der Natur und im Hause beobachten können, gehört ein großer Teil zu den chemischen Vorgängen. Wenn sich in der grünen Weintraube allmählich ein zuckersüßer Saft bildet, so vollzieht sich hier ein chemischer Vorgang. Ebenso haben wir es mit einem chemischen Vorgang zu tun, wenn der süße Saft der Traube, der auf der Kelter ausgepreßt wurde, im Keller unter Schäumen und Brausen in duftigen Wein sich verwandelt. Daß wir im Winter unsere Häuser erwärmen können, daß wir in der Lage sind, das Fleisch und die Früchte des Feldes zu schmackhaften Speisen zu verarbeiten, das verdanken wir chemischen Vorgängen, die sich abspielen, wenn wir mit Brennmaterial die wärmende Flamme erzeugen und wenn wir die Hitze des Feuers auf das Rohmaterial unserer Nahrungsmittel einwirken lassen.

Gerade mit dem Feuer hat sich der Mensch in seinen primitivsten Stadien wohl zuallererst und am allermeisten beschäftigt. Ob es ihm durch einen Blitzstrahl, der einen Baum in Brand setzte, oder durch eine vulkanische Eruption beschert wurde, das wissen wir nicht, aber es ist uns aus unzweifelhaften Spuren bekannt, daß schon im Anfang der Eiszeit der Mensch das Feuer für seine Zwecke zu nutzen wußte, daß er es sorgsam hütete, und daß er Mittel und Wege gefunden hatte, das erloschene Feuer aufs neue zu entfachen, in ähnlicher Weise, wie es heute noch bei primitiven Völkern geschieht durch Reiben oder Drehen von hartem Holz in weichem, oder dadurch, daß er den aus Feuerstein geschlagenen Funken in leicht entzündlichem trockenen Moos auffing. So wurde der Mensch zuerst zum Naturbeobachter und Erfinder.

Das Feuer setzte ihn in den Stand, Metalle aus den Metallerzen, die die Natur ihm bot, auszuschmelzen und sie zu verarbeiten. Seine bei der Ausnutzung des Feuers geschulte Beobachtungsgabe richtete sich auf die Pflanzen- und Tierwelt und ließ ihn neue Erfahrungen sammeln. Welche Wege und wie weit die Entwicklung solcher naturwissenschaftlicher Kenntnisse gegangen ist, darüber wissen wir nur wenig. Erst von den Chaldäern und den alten Ägyptern können wir mit Sicherheit annehmen, daß sie Kupfer, Eisen und Blei aus den Erzen herstellen konnten. Mit dem Krappfarbstoff, ferner mit dem Indigo und dem Farbstoff der Purpurschnecke verstanden sie umzugehen, und durch Verwendung von Kochsalz und Alaun wußten sie den Verwesungsprozeß zu verhindern, wenn sie die Leichen von Menschen und Tieren als Mumien konservierten. Nicht minder waren sie mit der Kunst vertraut, Pflanzensäfte zu gewinnen, die entweder zu Heilmitteln oder auch zu tödlichen Giften verarbeitet wurden. Aufzeichnungen aus diesem Zeitalter über solche Kenntnisse, die im Besitz der Priester waren und auch geheimgehalten wurden, sind nicht auf unsere Zeit gekommen; die älteste schriftliche Überlieferung, die uns erhalten ist, der Papyrus von Leyden, stammt aus dem dritten Jahrhundert nach Christi Geburt.

Von den Ägyptern haben die Phönizier und Israeliten ihre Kenntnisse von der Ausnutzung der Naturprodukte und der Naturkräfte erhalten, und in gleicher Weise sind den Griechen und Römern diese Erfahrungen zugänglich geworden. Als dann die Araber Ägypten eroberten, das Land, das wegen seiner, im Gegensatz zum Wüstensande, schwarzen Erde „Chemi" = schwarz genannt wurde, da übernahmen sie auch die Kenntnisse der Priester des Nillandes und bezeichneten die ägyptische Wissenschaft von den Naturkräften unter Zufügung des Artikels „al" als Alchemie. Um diese Zeit begegnen wir dann dem Gedanken an die Möglichkeit der Metallverwandlung und der Metallveredlung mit dem Endziel, aus wertlosen Metallen Gold zu machen. Groß ist die Zahl der Alchemisten, die sich mit der Goldmacherei beschäftigten. Viele davon waren ehrlich bemüht, das Problem zu lösen, viele nützten auch durch Täuschung und Betrug die Leichtgläubigkeit ihrer Zeitgenossen aus. Besonders, als sich nach Unterdrückung und Vertreibung der Araber die alchemistischen Kenntnisse im Abendlande ausbreiteten, gewann die Alchemie viele neue Anhänger, die danach strebten, den Stein der Weisen zu finden, das Magisterium (Meisterstück), das große Elixier, das nicht nur unedles Metall in Gold verwandeln, sondern auch alle Krankheiten heilen sollte. Damit war aber bereits ein neuer Gedanke in die alchemistischen Bestrebungen hineingetragen worden, und die Iatrochemie, die sich neben der Alchemie entwickelte, ging darauf aus, Heilmittel gegen Krankheiten herzustellen, wie schon der Name, der von dem griechischen Wort $\iota\alpha\tau\rho\acute{o}\varsigma$ = Arzt abgeleitet ist, andeutet. Waren die Versuche der Alchemisten auch nicht durch eine bestimmte systematische Arbeitsweise diktiert und konnte auch ihr Ziel, die Darstellung des Goldes, nicht erreicht werden, so verdanken wir doch dieser Zeit eine ganze Reihe von rein praktisch gewonnenen Erfahrungen, Kenntnissen und Erfindungen, wie z. B. die Porzellanfabrikation und ganz besonders die Ausbildung der metallurgischen Prozesse.

Das ganze Schaffen dieser Zeit war getrieben von dem Streben nach Gewinn und der Sucht, große Reichtümer zu erwerben. Erst im 17. Jahrhundert fängt man an, chemische Versuche zum Zweck rein wissenschaftlicher Forschung zu machen. Zu dieser Zeit hat der Forscher Robert Boyle zuerst dem Gedanken Ausdruck gegeben, daß die experimentelle Methode der Naturforschung und die damit verknüpfte sorgfältige Beobachtung der auftretenden Erscheinungen allein die sichere Grundlage für Spekulationen bilde, und er ist der erste gewesen, der mittels des Experiments Grundgesetze zu erforschen strebte. So gab er dem Begriff „Element", der bis dahin noch ganz schwankend und unsicher war, zuerst feste Gestalt.

Wenn wir im gewöhnlichen Leben von Elementen reden, etwa von der Wut der Elemente, die irgendein Menschenwerk zerstört hat, so ist das ein etwas poetischer Ausdruck dafür, daß durch eine Überschwemmung oder durch eine Feuersbrunst oder durch einen Sturm oder durch ein Erdbeben der Schaden angerichtet worden ist, und diese Ausdrucksweise geht zurück auf die alte Auffassung, daß das Weltall aus den vier Elementen Wasser, Feuer, Luft und Erde bestehe, eine Lehre, die von dem griechischen Philosophen A r i s t o - t e l e s ganz besonders ausgebildet worden ist und die sich bis weit in das Mittelalter hinein erhalten hat. B o y l e dagegen verstand unter den Elementen Grundstoffe, d. h. die letzten Bestandteile der Dinge in unserer Umgebung, und er gibt damit eine Festlegung des Begriffs, die sich bis in unsere Zeit erhalten hat. Denn auch heute noch bezeichnet man als Elemente oder Grundstoffe die Stoffe, die wir mit unseren Hilfsmitteln nicht zerlegen können und die sich aus einfacheren Bestandteilen nicht zusammensetzen lassen. Wir kennen jetzt 87 solcher Elemente oder Grundstoffe, und wir sehen in ihnen die Bausteine, aus denen sich die ganze materielle Welt aufbaut. Allerdings ist es nach den neuesten Ergebnissen der Forschung sehr wahrscheinlich geworden, daß unsere heutigen Elemente keine eigentlichen Urstoffe sind, sondern, daß sie sich auf einige wenige, ja vielleicht nur auf einen einzigen Urstoff zurückführen lassen. In einzelnen Fällen, die später noch zu betrachten sein werden, ist dies bereits gelungen, bei den meisten unserer heutigen Grundstoffe aber würde die Zerlegung Energiemengen erfordern, die wir mit unseren Hilfsmitteln nicht erzeugen können, so daß wir sie also bis auf weiteres als Grundstoffe ansehen müssen.

So ist z. B. das Gold ein Element, denn es läßt sich nicht zerlegen noch aus anderen Stoffen herstellen, wie die fruchtlosen Bemühungen der Alchemisten gezeigt haben, desgleichen das Silber, das Blei, das Eisen, das Quecksilber, das Zinn und das Zink, um nur einige zu nennen, die uns aus dem täglichen Leben geläufig sind, sowie alle die anderen Metalle. Die Luft, die uns umgibt, besteht im wesentlichen aus zwei gasförmigen Elementen, die wir Sauerstoff und

Stickstoff nennen, und ferner kennen wir noch aus dem Gebrauch des täglichen Lebens den Schwefel, den Phosphor, den Kohlenstoff. Diese Stoffe, denen nicht die Eigenschaften zukommen, die die Metalle besonders auszeichnen, wie Glanz, Schwere, Zähigkeit und Dehnbarkeit, nennen wir im Gegensatz zu ihnen Nichtmetalle und haben so zunächst für den Anfang eine Einteilung der Elemente in zwei große Gruppen, die allerdings nicht ganz scharf ist, da es Nichtmetalle gibt, die den Metallen in einzelnen ihrer kennzeichnenden Eigenschaften ähnlich sind.

II. Gemenge. Trennung der Gemenge. Kristallisation. Destillation.

Mit den Elementen ist aber die Zahl der Stoffe, mit denen wir es im Leben zu tun haben, keineswegs erschöpft. Im Gegenteil, weit zahlreicher sind die Stoffe, die nicht unzerlegbar sind, die wir als Verbindungen bezeichnen, und neben ihnen die sogenannten Gemenge. Wie sich diese voneinander unterscheiden, können wir am besten an einem Beispiel erkennen. Betrachten wir einmal das uns aus der Küche bekannte Kochsalz und daneben ein Stück Granit, den Stein, der als Pflasterstein und als Baustein verwendet wird. Zerschlagen wir einen Brocken Granit, so werden wir aus den kleinen Teilchen, die wir erhalten, solche aussondern können, die rot gefärbt sind, neben grauen und schwarzen. Zerschlagen wir aber ein Stück Kochsalz, so sind die einzelnen Teilchen nicht voneinander verschieden. Beim Kochsalz haben wir also eine Substanz vor uns, die in allen ihren Teilen gleich ist, sie ist gleichteilig oder, wie man mit einem Fremdwort sagt, homogen, und das ist gerade kennzeichnend für eine Verbindung im Gegensatz zu einem Gemenge, das man entweder direkt oder nach der Zerteilung in verschiedene Gruppen von Teilchen sondern kann. Häufig ist allerdings die Unterscheidung der verschiedenen Teilchen nicht so leicht wie beim Granit. In einem Gemisch, das aus fein gemahlenem

Kochsalz und feinem Sand hergestellt ist, sehen wir die einzelnen Teilchen mit bloßem Auge schon nicht mehr nebeneinander. Wir müßten schon ein Mikroskop zu Hilfe nehmen, und es wäre eine sehr mühselige Arbeit, die einzelnen Sandkörnchen und Salzstückchen durch Auslesen voneinander zu trennen. Da hilft uns eine andere Arbeitsweise. Wir schütten das Gemenge in ein Glasgefäß, etwa ein Wasserglas, gießen Wasser dazu und rühren tüchtig um. Das Kochsalz löst sich auf, während der Sand ungelöst zurückbleibt, und wir können die Trennung jetzt leicht bewerkstelligen. Wir falten ein kreisrundes Stück Filtrierpapier zweimal über Kreuz, so daß eine Tüte entsteht, die auf der einen Seite drei, auf der anderen Seite eine Lage Papier hat, ein sogenanntes Filter. Dieses setzen wir in einen Trichter, am besten einen Glastrichter ein, feuchten es mit etwas Wasser an, so daß es an den Trichterwänden glatt anliegt, und gießen nun die durch den Sand getrübte Kochsalzlösung in das Filter. Der Sand bleibt auf dem Filter zurück, und die Lösung läuft hindurch, gerade wie beim Filtrieren des Kaffees der Kaffeesatz im Trichter oder auf dem Sieb der Kaffeemaschine bleibt, während der Kaffee in die Kanne abfließt. Lassen wir die klare Salzlösung an der Luft ruhig stehen, so verdunstet allmählich das Wasser, und das Salz bleibt zurück. Das Verdunsten kann man beschleunigen, wenn man die Salzlösung in eine Schale gießt und sie auf den warmen Ofen stellt, denn das Wasser verdunstet bei höherer Temperatur schneller. Betrachten wir die Salzmasse, die nach dem Verdunsten in der Schale zurückgeblieben ist, etwas näher, so sehen wir, daß sie aus lauter kleinen Würfelchen besteht. Wenn sich ein Stoff beim Verdunsten seiner Lösung in der Art abscheidet, daß die festen Teilchen von regelmäßigen Flächen, Kanten und Ecken begrenzt werden, so nennt man diesen Vorgang Kristallisation und die einzelnen Gebilde Kristalle. Das Kochsalz ist somit aus der verdunstenden Lösung in würfelförmigen Kristallen auskristallisiert. Auf diese Weise haben wir das Gemenge aus Salz und Sand getrennt und dabei gleich einige in der Chemie viel benutzte Manipulationen kennengelernt: Auflösen, Filtrieren, Eindunsten und Kristallisieren.

Um einen Stoff in kristallisierter Form zu erhalten, muß man seine Lösung nicht immer eindampfen, wie es eben beim Kochsalz geschah, sondern man kann auch noch in anderer Weise verfahren. Wir lösen etwas Salpeter, wie er zum Einpökeln gebraucht wird, in Wasser auf, und zwar in einem Kochfläschchen, da wir die Lösung später erwärmen wollen. Glasgefäße, in denen gekocht werden soll, sind aus dünnem Glase gefertigt, das sich rasch und gleichmäßig erwärmt und daher nicht zerspringt, im Gegensatz zu den dickwandigen Gläsern, die sich infolge ungleichmäßiger Erwärmung ungleichmäßig ausdehnen und daher zerbrechen, wenn man sie in eine Flamme bringt. Beim Auflösen des Salpeters zeigt sich, daß in der Wassermenge, die sich in dem Kochfläschchen befindet, nicht beliebig viel Salpeter aufgelöst werden kann, sondern daß nach dem Einbringen einer gewissen Menge nichts mehr in Lösung geht, und daß der eingeworfene Salpeter am Boden des Gefäßes liegenbleibt. Eine solche Lösung, die von dem in ihr befindlichen Stoff, dem Bodenkörper, nichts mehr aufzunehmen vermag, bezeichnet man als eine gesättigte Lösung. Erwärmen wir jetzt diese Lösung mit einer Spiritusflamme oder mit einem Gasbrenner, so löst sich zunächst der Bodenkörper auf, und es kann bei weiterem Erwärmen noch eine beträchtliche Menge Salpeter eingeworfen werden, bis schließlich der Punkt erreicht ist, bei dem die Lösung siedet und auch bei Siedetemperatur nichts mehr aufzunehmen vermag. Läßt man nun diese kochend gesättigte Lösung sich auf Zimmertemperatur abkühlen, so ist sie übersättigt, das heißt, sie enthält mehr Salpeter, als sich in der angewendeten Menge Wasser bei der Temperatur des Zimmers auflösen konnte, und es scheidet sich beim Erkalten die Menge Salpeter aus, die man durch das Erwärmen der gesättigten Lösung noch aufgelöst hatte, und zwar in Kristallen. Die Flüssigkeit, die über den Kristallen steht, ist wieder eine gesättigte Salpeterlösung, wie man sie vorher durch Auflösen des Salpeters bei Zimmertemperatur erhalten hatte. Dieses Verhalten von Lösungen benutzt der Chemiker in unzähligen Fällen zur Reinigung von Substanzen. Wenn irgendein Stoff durch kleine Beimengungen eines zweiten

oder mehrerer Stoffe verunreinigt ist, so stellt man von ihm
mit Wasser oder auch mit einem anderen Lösungsmittel eine
heiß gesättigte Lösung her und läßt sie erkalten. Die Lösung
wird dann übersättigt sein von dem zu reinigenden Stoff, aber
sie wird noch lange nicht gesättigt sein von den Stoffen, die
nur in kleinen Mengen als Verunreinigungen beigemengt
waren. Es wird also nur der zu reinigende Stoff auskristallisieren, die Verunreinigungen bleiben in Lösung, und wir
können den reinen Stoff durch Abgießen oder Filtrieren isolieren und gewinnen. Diese Operation nennt man Umkristallisieren. Sie beruht auf einer Eigenschaft der Stoffe, die man
als Löslichkeit bezeichnet. Diese Löslichkeit wird ausgedrückt
durch die Menge Stoff, gemessen in Grammen, die sich in
1 Liter oder 100 ccm auflösen läßt, und zwar bei einer bestimmten Temperatur. Hat z. B. ein Stoff in Wasser die
Löslichkeit 50 zu 1000 bei 20⁰, so bedeutet das, daß bei
der Temperatur von 20⁰ des hundertteiligen Thermometers,
das zu wissenschaftlichen Angaben ausschließlich benutzt
wird, 50 g des Stoffs 1000 ccm Wasser zu ihrer Auflösung
brauchen. Die Angabe der Temperatur bei der Löslichkeit ist
erforderlich, da sich die Löslichkeit, wie wir gesehen haben,
mit der Temperatur ändert, und zwar gewöhnlich in der
Weise, daß mit steigender Temperatur die Löslichkeit zunimmt.

Noch eine andere Arbeitsmethode, mit der wir Gemische
trennen können, soll gleich hier besprochen werden, nämlich die Destillation, durch die wir auch die Lösungen, die
man als gleichteilige Gemenge bezeichnet, zu zerlegen imstande sind. Wenn wir Wasser oder eine andere Flüssigkeit
erwärmen, so fängt sie schließlich an zu sieden und verwandelt sich in Dampf. Kühlt man den Dampf ab, so geht
er wieder in Flüssigkeit über. Die Abkühlung bewirkt man
durch einen Kühler. Dieser besteht aus einem langen Rohr,
das an einem Ende erweitert und von einem Mantel aus
Glas oder Metall umgeben ist, durch den Wasser als Küh-
lungsflüssigkeit hindurchströmt. Zur praktischen Durchfüh-
rung einer Destillation bringt man die zu destillierende Flüssigkeit in ein Destillierkölbchen, das ist ein Kochfläschchen,

an dessen Hals ein schräg nach unten führendes Rohr seitlich angesetzt ist (Abb. 1), das man mit einem durchbohrten Stopfen in das erweiterte Innenrohr des Kühlers einsetzt. Zum Durchbohren der Korkstopfen benutzt man Korkbohrer, das sind Messingröhren von verschiedener Weite, auf der einen Seite zugeschärft, auf der anderen mit einem Handgriff versehen. Setzt man einen solchen Korkbohrer auf einen Korkstopfen und dreht ihn langsam durch den Kork hindurch, so schneidet er einen Zylinder aus dem Korken aus und es entsteht eine Bohrung, durch die man ein Glasrohr

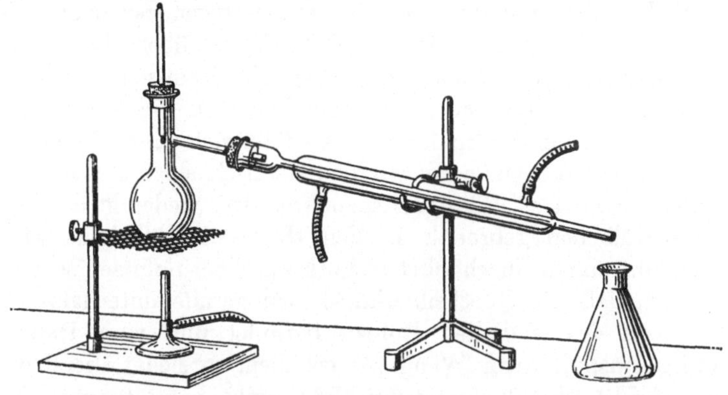

Abb. 1. Destillationsapparat.

hindurchführen kann. In das Destillierkölbchen bringt man etwas Wasser, das durch Indigo blau gefärbt ist, verschließt den Hals des Kölbchens mit einem passenden Kork und erhitzt zum Sieden. Der Dampf gelangt durch den seitlichen Ansatz in das vom Kühlwasser umströmte Kühlerrohr, wird hier wieder verdichtet, und die Flüssigkeit tropft in das am Ende des Kühlers untergestellte Gefäß ab, und zwar in völlig farblosem Zustand. Beim Sieden wird nämlich der im Wasser gelöste Farbstoff nicht verflüchtigt, er bleibt im Destilliergefäß zurück, und man hat so das Lösungsmittel von dem darin gelösten Stoff getrennt. Auch diese Operation wird in der Praxis des Chemikers sehr häufig benutzt. Das gewöhnliche Quellwasser z. B. enthält eine ganze Menge von Stoffen,

9

die es auf seinem Weg durch den Boden auflöst. Bei der
Verwendung für chemische Zwecke würde ein Gehalt an solchen gelösten Stoffen im Wasser oft stören. Man reinigt daher das Wasser durch eine Destillation und verwendet in
Laboratorien oder in den Apotheken zur Bereitung der
Arzneien das destillierte Wasser. Ebenso wie wir hier das
Lösungsmittel von dem darin gelösten festen Stoff getrennt
haben, können wir durch Destillation auch Gemische von
Flüssigkeiten scheiden. Die verschiedenen Flüssigkeiten, mit
denen wir in der Chemie arbeiten, haben nämlich sehr verschiedene Siedepunkte, d. h. die Temperaturen, bei denen die
einzelnen flüssigen Stoffe in Dampfform übergehen, sind
verschieden hoch. Haben wir etwa ein Gemisch aus zwei
Flüssigkeiten, von denen die eine bei 80°, die andere bei
120° erst zum Sieden kommt, so läßt sich eine Trennung
leicht herbeiführen, wenn wir das Gemisch einer Destillation
unterwerfen. Das Flüssigkeitsgemisch wird wieder in das Destillierkölbchen gebracht. In den Hals des Kölbchens wird
jetzt mit einem durchbohrten Kork ein Thermometer so eingesetzt, daß die Quecksilberkugel sich gerade unterhalb des
Ansatzes des seitlichen Rohres befindet und vom Dampf
völlig umspült wird. Wenn wir erhitzen, so siedet zuerst die
Flüssigkeit, die den niederen Siedepunkt hat, ab, und das
Thermometer wird 80° anzeigen. Der Dampf verdichtet sich
im Kühler, und die ablaufende Flüssigkeit kann aufgefangen
werden. Wenn der ganze niedrig siedende Anteil aus dem Gemisch verdampft ist, wird das Thermometer auf 120° steigen. Fängt man das bei dieser Temperatur übergehende Destillat in einem zweiten Gefäß auf, so hat man das Gemisch
durch eine sogenannte fraktionierte Destillation getrennt. So
wird z. B. der bei der Gärung entstehende Alkohol durch
fraktionierte Destillation gereinigt und so gewinnt man aus
dem der Erde entströmenden Rohpetroleum das Leuchtpetroleum neben dem Benzin, das uns als Reinigungsmittel dient,
und der Vaseline, die in der Apotheke bei der Bereitung
vieler Salben verwendet wird.

III. Chemische Verbindungen. Gesetz der konstanten und multiplen Proportionen. Atomtheorie.

Im Gegensatz zu den Gemengen stehen die Verbindungen, die wir auch als gleichteilige oder homogene Stoffe bezeichnet hatten. Abgesehen davon, daß sie sich durch Operationen, wie wir sie eben kennengelernt haben, nicht zerlegen lassen, zeigen sie auch hinsichtlich ihrer Zusammensetzung bestimmte Regelmäßigkeiten, die für sie kennzeichnend sind. An einem Beispiel läßt sich das wieder am besten erkennen. Reiben wir in einer starkwandigen Porzellanschale, einer sogenannten Reibschale, Eisenfeile, wie sie in jeder Schlosserwerkstatt abfällt, mit Schwefel zusammen, so können wir das entstandene graue Pulver leicht wieder in seine Bestandteile zerlegen. Wir können das Eisen mit dem Magneten herausziehen, oder wir können den Schwefel in einer Flüssigkeit, die man Schwefelkohlenstoff nennt, auflösen, vom Eisen abfiltrieren und durch Verdunsten der Lösung den Schwefel zurückgewinnen, geradeso wie wir Salz und Sand getrennt haben. Das graue Pulver ist also zweifellos ein Gemenge. Bringen wir aber jetzt dieses Pulver in ein Probierröhrchen und erhitzen es, so fängt es an der erhitzten Stelle an aufzuglühen, und diese Glüherscheinung setzt sich, ohne daß man weiter erhitzt, durch die ganze Masse des im Röhrchen befindlichen Pulvers fort. Aus dem Gemenge ist eine Verbindung entstanden, aus der der Magnet nichts mehr herauszieht und die an Schwefelkohlenstoff nichts mehr abgibt. Dann aber können wir noch eine weitere Beobachtung machen. Man kann beliebige Mengen von Schwefel und Eisen zusammenreiben, und man erhält dann die verschiedensten Gemenge von Schwefel und Eisen, aber beim Erhitzen entsteht immer die gleiche Verbindung, das Schwefeleisen, und die Mengen der beiden Elemente, die sich miteinander vereinigen, stehen stets in dem Verhältnis $4:7$. Reiben wir etwa 5 g Schwefel mit 7 g Eisenfeile zusammen, so bleibt 1 g Schwefel unverbunden, und bei der hohen Temperatur, die bei der Vereinigung der beiden Elemente entsteht, verbrennt dieser Überschuß mit blauer Flamme. Was nun für die beiden Elemente Eisen und Schwefel gilt, trifft auch für alle anderen Elemente zu, und bei allen anderen Verbindungen, deren Bildung man untersucht hat, sind ganz entsprechende Beobachtungen gemacht worden. Es besteht somit die Gesetzmäßigkeit, daß die Mengen der Elemente, die sich zu einer Verbindung vereinigen, immer in einem ganz bestimmten Verhältnis zueinander stehen, und zwar in dem Verhältnis einfacher ganzer Zahlen. Dieses Gesetz ist von dem englischen Forscher Dalton in den ersten Jahren des 19. Jahrhunderts aufgefunden worden, und zu seiner Erklärung stellte er die Atomtheorie auf, die sich bis auf den heutigen Tag noch als brauchbar erwiesen hat. Dalton ging dabei aus von Gedanken, die der griechische Philosoph Demokrit im 5. Jahrhundert vor Christo ausgesprochen hatte. Er nahm an, daß man beim Zerteilen der Materie schließlich zu Teilchen komme, die so klein seien, daß sie nicht weiter geteilt werden könnten. Diese letzten unteilbaren Partikelchen nannte er Atome, abgeleitet von dem griechischen Worte $\check{\alpha}\tau o\mu o\varsigma =$ unteilbar. Wenn sich aus zwei Elementen eine Verbindung bildet, so sollten nach Dalton Atome zusammentreten, und zwar im einfachsten Falle ein Atom des einen mit einem Atom des zweiten Elementes. Über Gestalt und Form und Farbe der Atome hat Dalton keine Betrachtungen angestellt, nur auf eine Eigenschaft kam es ihm an, nämlich auf das Gewicht. Alle Atome eines und desselben Elementes, nahm er an, haben das gleiche Gewicht, die Atome verschiedener Elemente haben natürlich verschiedenes Gewicht. Daraus erklärt sich dann die bei der Bildung von Verbindungen beobachtete Gesetzmäßigkeit. Wenn sich ein Atom mit einem anderen verbindet, so müssen jedesmal auch die den Atomen entsprechenden Gewichtsmengen miteinander in Verbindung treten, und da Bruchteile von Atomen nicht möglich sind, müssen die Mengen im Verhältnis ganzer Zahlen stehen. Abgesehen von diesem einfachsten Fall kann aber auch eine Verbindung dadurch zustande kommen, daß sich ein Atom mit zwei oder mehreren verbindet, oder es können auch etwa zwei Atome des einen mit drei oder fünf Atomen eines anderen Elementes zusammentreten; in diesem Falle stehen die Bestandteile der Verbindung im Verhältnis ganzer Vielfacher der einfachsten Verhältniszahlen. Diese einfache, von D a l t o n gefundene Gesetzmäßigkeit, die die Bildung aller chemischen Verbindungen beherrscht, wird als das Gesetz der konstanten und multiplen Proportionen bezeichnet, und es ist kennzeichnend für alle chemischen Verbindungen, daß ihre Bestandteile in einem Verhältnis zueinander stehen, das diesem Gesetz entspricht, während Gemenge völlig willkürlich zusammengesetzt sein können.

IV. Der Sauerstoff. Verbrennung. Phlogiston-theorie. Oxydation.

Kehren wir nun zur Betrachtung der Elemente zurück, von denen, wie bereits erwähnt wurde, 87 bekannt sind. Diese große Zahl von Elementen ist aber keineswegs gleichmäßig auf der Erde verteilt. Eines von ihnen, der Sauerstoff, beansprucht etwa die Hälfte des Gewichts des uns bekannten Teils der Erdkugel für sich allein. Kommen noch neun weitere Elemente, nämlich Silizium, Aluminium, Eisen, Kalzium, Kohlenstoff, Magnesium, Natrium, Kalium und Wasserstoff hinzu, so haben wir damit bereits 99% der Erdrinde, und für die übrigen Elemente bleibt nur noch 1% übrig. Manche von diesen sind trotzdem ziemlich verbreitet, sie finden sich an vielen Stellen der Erde jedoch immer nur in geringen Mengen, während andere nur spärlich an wenigen Fundstätten vorkommen.

Das häufigste und für uns wichtigste Element ist der Sauerstoff, der ein Bestandteil der Luft ist, die uns umgibt. Daß die Luft kein einheitlicher Stoff, sondern ein Gemenge ist, lehrt uns ein einfacher Versuch. In einer mit Wasser gefüllten Schale lassen wir auf einem großen Korkstopfen ein kleines Porzellanschälchen auf dem Wasser schwimmen. In das Porzellanschälchen bringen wir ein kleines Stück Phosphor und zünden es durch Berührung mit einem heißen

Draht an, worauf wir sofort eine Glasglocke darüberstülpen,
so daß der brennende Phosphor sich in einer abgeschlossenen
Luftmenge befindet (Abb. 2). Nach kurzer Zeit erlischt der
Phosphor, der weiße Rauch, der die Glocke erfüllt, verschwindet, da er sich in dem Sperrwasser löst, und wenn sich
die durch die Verbrennung erhöhte Temperatur wieder aus-
geglichen hat, so sehen wir, daß das Wasser in der Glocke
höher steht als außen. Es ist also ein Teil der Luft, die in
der Glocke war, und zwar ein Fünftel davon, verschwunden.
Führen wir nun durch die obere Öffnung der Glocke eine
brennende Kerze ein, so erlischt sie. Das nach der Verbrennung des Phosphors zurückgebliebene Gas
kann also die Verbrennung nicht mehr unterhalten, es erstickt sie, und man hat es deshalb mit dem Namen Stickstoff bezeichnet.
Prüfen wir nun das Sperrwasser, in dem
sich der weiße Rauch gelöst hat, auf seinen
Geschmack, so zeigt sich, daß es sauer
schmeckt. Der verschwundene Teil der Luft
hat somit eine saure Substanz gebildet und
er hat deswegen den Namen Sauerstoff erhalten. Die Luft besteht also zu einem
Fünftel aus Sauerstoff; den Rest von vier
Fünfteln hielt man früher für reinen Stick-

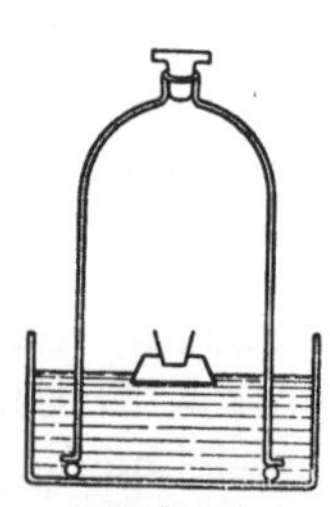

Abb. 2.
Verbrennung von
Phosphor in einer
abgeschlossenen
Luftmenge.

stoff. Heute wissen wir, daß dem Stickstoff noch etwa 1 %
gasförmige Stoffe beigemengt sind, das Argon, das Neon, das
Helium, das Xenon, das Krypton, die man auch mit einem
gemeinsamen Namen als Edelgase bezeichnet.

Den reinen Sauerstoff können wir auf zwei verschiedenen
Wegen erhalten, entweder aus seinen Verbindungen oder aus
der Luft, und zwar am besten aus der verflüssigten Luft,
die heute im größten Maßstab hergestellt wird. Man benutzt
zur Verflüssigung der Luft die von Linde erfundene Maschine, in der die Luft abwechselnd zusammengepreßt und
wieder entspannt wird. Beim Ausdehnen kühlt sich die Luft
jedesmal um einige Grade ab. Die abgekühlte Luft dient dann
zur Kühlung einer neuen Menge zusammengepreßter Luft,
die sich beim Entspannen nun wieder abkühlt und dabei eine

Temperatur erreicht, die unter der bei der ersten Entspannung erhaltenen liegt. Wird dieser Prozeß oft genug wiederholt, so erreicht man schließlich eine Temperatur, bei der die Luft unter dem in der Maschine herrschenden Druck sich verflüssigt. Läßt man die verflüssigte Luft sich allmählich erwärmen, so siedet aus ihr zunächst der Stickstoff weg und der Sauerstoff bleibt zurück.

Zur Darstellung des Sauerstoffs aus einer Verbindung können wir das gleiche Ausgangsmaterial benutzen, dessen sich die Entdecker des Sauerstoffs Scheele und Priestley bedienten, die unabhängig voneinander den Sauerstoff gleichzeitig auffanden. Es ist dies eine Sauerstoffverbindung des

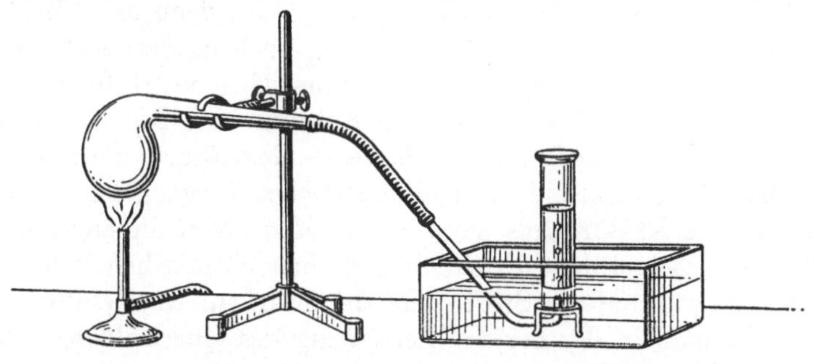

Abb. 3. Darstellung von Sauerstoff aus Quecksilberoxyd.

Quecksilbers, das Quecksilberoxyd. Wir bringen Quecksilberoxyd in eine kleine Retorte, versehen diese mit einem Schlauch und einem Gasableitungsrohr, das wir in einer mit Wasser gefüllten Wanne unter einen ebenfalls mit Wasser gefüllten, umgekehrt in der Wanne stehenden Zylinder führen können (Abb. 3). Wenn das Quecksilberoxyd in der Retorte kräftig erhitzt wird, so beschlägt sich der Hals der Retorte mit metallischem Quecksilber, und gleichzeitig entwickelt sich ein Gas, das man in dem bereitgehaltenen Zylinder auffängt, indem man das Wasser, dem der Druck der äußeren Luft das Gleichgewicht hielt, durch die aufsteigenden Gasblasen verdrängen läßt. Bringt man in das Gas einen glimmenden Holzspan, so entflammt er sofort. Die Eigenschaft, die Verbrennung lebhaft zu unterhalten, ist kennzeichnend oder charakteristisch für das Element Sauerstoff. Erscheinungen, aus deren Auftreten wir auf die Gegenwart eines Stoffes schließen können, bezeichnen wir in der Chemie als Reaktionen. Das Aufflammen des glimmenden Spans ist somit eine Reaktion auf Sauerstoffgas.

Größere Mengen von Sauerstoff erhält man aus einem sauerstoffreichen Salz, dem chlorsauren Kalium. Wenn dieses Salz in einer kleinen Retorte erhitzt wird, so entweicht daraus der Sauerstoff, der ebenso wie bei dem Versuch mit Quecksilberoxyd aufgefangen werden kann. Noch leichter erfolgt die Entwicklung aus dem chlorsauren Kalium, wenn man dem Salz etwas Braunstein beimischt. Der Braunstein beteiligt sich selbst an der Zersetzung nicht, denn er ist nach Beendigung der Sauerstoffentwicklung noch unverändert vorhanden. Er wirkt lediglich durch seine Gegenwart fördernd auf den Zerfall des chlorsauren Kaliums ein. Die Erscheinung, daß ein Stoff nur durch seine Gegenwart, ohne eine Veränderung zu erleiden, einen chemischen Vorgang sehr stark beeinflußt, ist durchaus nicht selten. Man nennt die auf diese Weise herbeigeführte Erleichterung eines chemischen Prozesses Katalyse und die Stoffe, die sie bewirken, Katalysatoren.

Füllt man in der bei der Zersetzung des Quecksilberoxyds beschriebenen Weise einige Zylinder oder Kochflaschen mit Sauerstoff, so kann man sein Verhalten gegen brennende Stoffe, das wir bei dem Versuch mit dem glimmenden Holzspan zu seinem Nachweis benutzten, noch weiter untersuchen. Schwefel und Phosphor, die man in einem kleinen eisernen Löffelchen angezündet in das Gas bringt, brennen mit glänzender Flamme. Ein Stück Eisendraht, das man zu einer Spirale aufwickelt und an dessen Ende man ein Stückchen Holz, etwa einen Teil von einem Streichholz, befestigt, wird nach dem Anzünden des Holzstückchens in das Sauerstoffgas eingeführt. Durch das brennende Holz wird der Eisendraht so weit erhitzt, daß er sich mit dem Sauerstoff verbindet und gleichfalls unter Funkensprühen und glänzender Lichterscheinung verbrennt.

Der Unterschied zwischen einer Verbrennung im reinen Sauerstoff und in der Luft, in der die Verbrennung wesentlich träger vor sich geht, beruht darauf, daß in der Luft der Sauerstoff durch den Stickstoff stark verdünnt ist. Es müssen daher bei der Verbrennung in der Luft nicht nur die Verbrennungsprodukte, sondern auch der Stickstoff erwärmt werden; deshalb steigt die Temperatur nicht so hoch, und die Lichtentwicklung erreicht nicht die gleiche Stärke.

Daß bei der Verbrennung eine Vereinigung des brennenden Stoffs mit dem Sauerstoff erfolgt, hat der französische Chemiker Lavoisier am Ende des 18. Jahrhunderts (1775 bis 1777) nachgewiesen. Vorher hatte man den Verbrennungsvorgang mit einer von Georg Ernst Stahl aufgestellten Theorie erklärt. Stahl nahm an, daß in allen brennbaren Stoffen eine Feuermaterie, die er Phlogiston nannte, enthalten sei, die beim Verbrennen daraus entweiche. Lavoisier zeigte, daß beim Verbrennen der Stoff schwerer werde, d. h. daß das Produkt der Verbrennung mehr wiege als der Stoff vor der Verbrennung. Daraus ergab sich dann der Schluß, daß bei der Verbrennung etwas zu dem brennenden Stoff hinzukommen müsse. Daß dies der Sauerstoff sei, bewies Lavoisier dadurch, daß er Quecksilber in einer abgeschlossenen Luftmenge erhitzte. Das Quecksilber bedeckte sich im Laufe längerer Zeit mit roten Schuppen von Quecksilberoxyd, und ein Teil der abgeschlossenen Luft verschwand. Erhitzte er nun stärker, so zersetzte sich das Quecksilberoxyd wieder und gab dabei genau soviel Sauerstoff ab, als vorher aufgenommen worden war, so daß die anfängliche Luftmenge wiederhergestellt wurde. Noch einfacher läßt sich die Gewichtsvermehrung bei der Verbrennung auf eine etwas andere Weise zeigen. Man schüttet etwas Eisenpulver auf ein feinmaschiges Stückchen Drahtnetz, das man auf einen kleinen, aus Draht zusammengebogenen Dreifuß legt, und bringt das Ganze auf einer Waage mit aufgelegten Gewichtstücken ins Gleichgewicht. Erwärmt man nun das Eisenpulver mit einer kleinen Flamme, bis es ins Glimmen gerät, so wird die Waagschale alsbald sinken. Das Eisen verbindet sich beim Verbrennen mit dem Sauerstoff der Luft, und die entstandene Verbindung, die man als Oxyd bezeichnet, ist schwerer als das Eisen selbst.

Die Eigenschaft des Sauerstoffs, die Verbrennung zu unterhalten und zu begünstigen, wird vielfach praktisch ausgenutzt. So steigert der Schmied die Temperatur seines Kohlenfeuers, indem er mit dem Blasebalg Luft in die Flamme einpreßt. Bei dem von B u n s e n erfundenen Gasbrenner, dem im Laboratorium unentbehrlichen, über die ganze Welt verbreiteten Bunsenbrenner (Abb. 4) wird durch das Leuchtgas, das durch eine enge Düse in das Brennerrohr einströmt, Luft durch zwei seitliche Öffnungen angesogen, die sich mit dem Leuchtgas mischt. Infolge der reichlichen Luftzufuhr verbrennt das Leuchtgas vollständig mit einer heißen, nicht leuchtenden und nicht rußenden Flamme. Auf diesem Prinzip be

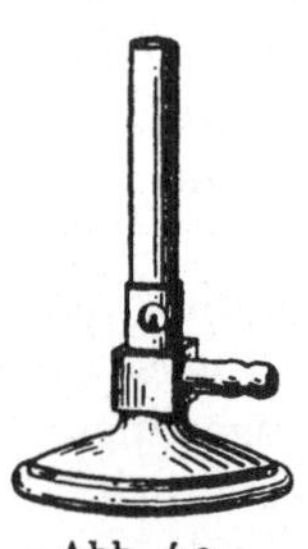

Abb. 4 a.
Bunsenbrenner.

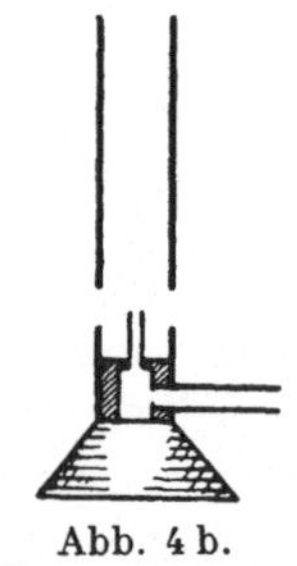

Abb. 4 b.
Bunsenbrenner
(Längsschnitt).

ruhen fast alle heute gebräuchlichen Gaskocher und Gasherde. Auch beim Gasglühlicht wird durch einen nach diesem Vorbild konstruierten Brenner eine heiße, nicht leuchtende Flamme erzeugt, in der der Glühkörper zur leuchtenden Weißglut erhitzt wird. Noch höhere Temperaturen erreicht man durch Einblasen von reinem Sauerstoff in Leuchtgasflammen oder Flammen von anderen brennbaren Gasen. Es läßt sich mit solchen Sauerstoffgebläsen Eisen leicht bis zum Schmelzpunkt erhitzen, so daß man selbst starke Eisenstücke mit der Gebläseflamme zerschneiden oder auch autogen verschweißen kann. Der Sauerstoff, der für diese Zwecke zur Verwendung kommt, wird von der Industrie im großen hergestellt und in Stahlflaschen in den Handel gebracht. Diese Stahlflaschen haben einen Rauminhalt von 10 Litern. Da der Sauerstoff mit einem Druck von 100 Atmosphären hineingepreßt wird, so können sie 1000 Liter davon fassen. Die Quelle für diesen Sauerstoff ist immer die atmosphärische Luft. Entweder gewinnt man ihn daraus, wie bereits erwähnt, durch Verflüssigung und Abdestillieren des Stickstoffs, oder

18

man entzieht ihn ihr mit Hilfe eines Stoffs, der Bariumoxyd genannt wird. Dieses Bariumoxyd ist bereits eine Verbindung des Elementes Barium mit Sauerstoff. Wenn es aber
mit Luft unter Druck erhitzt wird, so nimmt es noch mehr
Sauerstoff auf und liefert eine neue Verbindung, die Bariumsuperoxyd genannt wird. Steigert man nun die Temperatur
und vermindert den Druck, so gibt das Bariumsuperoxyd
wieder Sauerstoff ab, den man aufsammeln kann. Dabei entsteht aber wieder Bariumoxyd, das erneut Sauerstoff aufnimmt, so daß man mit der gleichen Menge Bariumoxyd
große Quantitäten Sauerstoff aus der Luft gewinnen kann.

Die Vereinigung der Stoffe mit dem Sauerstoff, die man
als Oxydation bezeichnet, ist durchaus nicht immer von der
Erscheinung einer Flamme begleitet. Das Auftreten einer
Lichterscheinung hängt ab von der Temperatur, die bei der
Vereinigung erreicht wird. Bleibt die Temperatur unter 500°,
so kann keine Glüherscheinung beobachtet werden, da unter
dieser Temperatur die Körper kein Licht aussenden. Die Höhe
der Temperatur, die erreicht wird, richtet sich aber nach den
äußeren Umständen, unter denen die Verbrennung erfolgt.
Sie wird um so höher werden, je schneller der Prozeß abläuft und je vollkommener die Wärme zusammengehalten
wird. Wenn das Eisen rostet, verbindet es sich ebenso mit
dem Sauerstoff, wie wenn es verbrennt, aber der Vorgang des
Rostens vollzieht sich so langsam, und die Wärmeentwicklung erfolgt demgemäß so allmählich, daß dabei die Begleiterscheinung der schnellen Verbrennung nicht auftreten kann,
weil die Temperatur nicht hoch genug steigt. Es handelt sich
also hier um eine langsame Oxydation oder eine dunkle Verbrennung.

Ein solcher langsamer Verbrennungsprozeß ist auch die
Atmung bei Menschen und Tieren. Beim Atmen tritt Sauerstoff in die Lungen ein, wird von dem Blut aufgenommen
und durch die Adern in alle Teile des Körpergewebes befördert. Wenn er hier mit den aufgelösten Nahrungsstoffen
zusammenkommt, so vereinigt er sich mit ihnen, oxydiert
oder verbrennt sie, wodurch Wärme und Energie erzeugt
werden. Für die Tiere, die im Wasser leben, ist es wichtig,

daß der Sauerstoff im Wasser löslich ist. 100 Raumteile
Wasser vermögen bei 15° 3,4 Raumteile Sauerstoff aufzulösen, die von den mit Kiemen ausgestatteten Wassertieren
aufgenommen werden können.

V. Wasserstoff.

Ähnlich, wie wir den Sauerstoff aus der Luft entnehmen
können, läßt sich der Wasserstoff aus dem Wasser darstellen,
nur ist die Aufgabe hier etwas schwieriger, denn in der Luft
ist der Sauerstoff mit den ihn begleitenden Gasen nur gemischt, im Wasser aber ist der Wasserstoff mit Sauerstoff
zu einer Verbindung vereinigt, die wir zerlegen müssen, wenn
wir den Wasserstoff in Freiheit setzen wollen. Die Zerlegung
des Wassers, das man früher für ein Element hielt, kann dadurch erreicht werden, daß man den Wasserstoff aus der
Verbindung mit dem Sauerstoff herausdrängt durch ein Metall, mit dem Sauerstoff sich besonders leicht verbindet, z. B.
mit Eisen.

Wir füllen zu diesem Zweck ein eisernes Rohr mit Draht-
nägeln und setzen in das eine Ende einen Stopfen, durch den
ein dreifach gebogenes Glasrohr geht, in das andere Ende
einen Stopfen, der ein Rohr hält, das zuerst stumpfwinklig
nach unten, dann in einem runden Bogen nach oben gebogen
ist, und das in ein Gefäß mit Wasser so eintaucht, daß die
Mündung gerade unterhalb des Wasserspiegels sich befindet
(Abb. 5). Leiten wir in das Eisenrohr durch das erste Glasrohr am einen Ende einen Strom von Wasserdampf, den wir
in einem Kochkolben oder einem Dampfkessel entwickeln,
so verdrängt der Dampf zunächst die Luft aus dem Rohr,
und diese entweicht am anderen Ende durch das vorgelegte
Sperrwasser. Sobald alle Luft verdrängt ist, treten aus dem
Gasentbindungsrohr keine Gasblasen mehr aus, da der ausströmende Wasserdampf sich im Sperrwasser verdichtet.
Wird nun das Eisenrohr kräftig bis zur Glut erhitzt, so verdichtet sich der Dampf nicht mehr völlig wie bisher, sondern
es entwickelt sich ein Gas, das man durch Wasserverdrängung

in einem Zylinder auffangen kann und das sich beim Anzünden als brennbar erweist. Dieses Gas ist der Wasserstoff,
den das glühende Eisen aus dem Wasserdampf verdrängt
hat, indem es sich selbst mit dem Sauerstoff zu einer Eisen-
sauerstoffverbindung, dem Eisenoxyd, das wir gewöhnlich
als Rost bezeichnen, vereinigt.

Wesentlich leichter ist die Verdrängung des Wasserstoffs
aus dem Wasser durch Metalle zu erreichen, die schon bei
gewöhnlicher Temperatur auf das Wasser einwirken. Ein
solches Metall ist z. B. das Natrium, ein Bestandteil unseres
Kochsalzes, das der Chemiker ja mit dem Namen Chlornatrium bezeichnet, weil es sich aus den beiden Grundstoffen

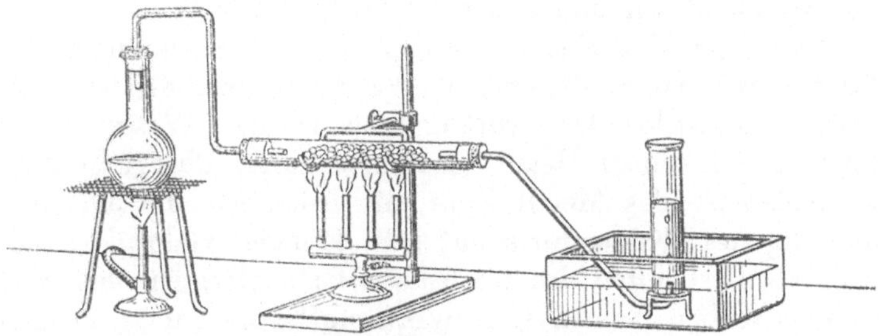

Abb. 5. Darstellung von Wasserstoff durch Zersetzung von Wasserdampf
mit glühendem Eisen.

oder Elementen Chlor und Natrium zusammensetzt. Das Natriummetall verbindet sich nun so leicht mit dem Sauerstoff,
daß man es an der Luft nicht aufbewahren kann; es wird
daher in Gefäßen, die mit Petroleum gefüllt sind, gehalten.
Wirft man ein Stückchen dieses Natriummetalls, das weich
ist und sich mit dem Messer schneiden läßt, auf Wasser,
so schwimmt es darauf ebenso wie ein Stückchen Kork
oder Holz, weil es leichter ist als Wasser. Gleichzeitig aber
schmilzt es auf dem Wasser, und unter Zischen zersetzt es
das Wasser, indem es den Wasserstoff daraus verdrängt. Dabei entsteht eine Verbindung, die sich in dem Wasser auflöst und die wir leicht dadurch nachweisen können, daß wir
ein Stückchen Papier, das mit Lackmustinktur gefärbt ist,
in das Wasser eintauchen. Der Lackmusfarbstoff ist ein

Pflanzenfarbstoff, der die Eigenschaft hat, daß er mit einer ganzen Klasse von Stoffen sich blau färbt. Diese Stoffe bezeichnet man als Basen. Eine andere große Klasse von chemischen Verbindungen hat die Eigenschaft, daß sie den Lackmusfarbstoff rötet. Diese Verbindungen bezeichnet man als Säuren. Eine solche sinnlich leicht wahrnehmbare Veränderung eines Stoffes wie der Farbwechsel des Lackmusfarbstoffes, an der wir die Anwesenheit gewisser chemischer Verbindungen erkennen können, nennen wir eine Reaktion. Den Stoff, der zur Ausführung der Reaktion benutzt wird, heißt Reagens. Im vorliegenden Fall ist also der Lackmusfarbstoff oder das mit ihm getränkte Papier das Reagens auf die Stoffe, die wir als Basen und Säuren bezeichnet haben.

Die Säuren sind ebenso wie das Wasser Verbindungen des Elementes Wasserstoff, und man kann aus ihnen den Wasserstoff noch viel leichter verdrängen als aus dem Wasser, wenn man sie mit einem Metall zusammenbringt. Übergießt man beispielsweise das Metall Zink mit Salzsäure, die als Verbindung des Wasserstoffs mit dem Element Chlor, das wir eben als Bestandteil des Kochsalzes kennenlernten, den wissenschaftlichen Namen Chlorwasserstoffsäure führt, so entwickeln sich reichliche Mengen von Wasserstoff, so daß dieses Verfahren eine sehr bequeme Gewinnungsweise für Wasserstoff darstellt.

Man versieht zur Darstellung von Wasserstoff nach dieser Methode eine Flasche mit einem doppelt durchbohrten Kork, durch dessen eine Bohrung ein Trichterrohr bis auf den Boden der Flasche hindurchgeht, während durch die zweite ein Rohr hindurchführt, das, wie aus der Abb. 6 ersichtlich, zum Gasentwicklungsrohr gebogen, in die pneumatische Wanne führt, in der die zum Auffangen des Gases bestimmten, mit Wasser gefüllten Zylinder stehen. In die Flasche bringt man Stücke von Zinkblech oder Zinkstangen, die man mit so viel Wasser übergießt, daß beim Einsetzen des Stopfens das Ende des Trichterrohrs eintaucht. Durch das Trichterrohr wird dann konzentrierte Salzsäure, wie man sie im Haushalt gelegentlich zu Reinigungszwecken benutzt, eingegossen. Alsbald beginnt eine lebhafte Einwirkung. Das Zink

bedeckt sich mit Gasblasen, die sich bald ablösen und an die
Oberfläche der Flüssigkeit steigen, so daß die Flüssigkeit
fast zu kochen scheint. Gleichzeitig entwickelt sich ein regelmäßiger Gasstrom aus dem Gasentbindungsrohr. Man wartet,
bis die im Apparat enthaltene Luft durch den Wasserstoff
verdrängt ist, und kann dann die Zylinder damit anfüllen,
um die Eigenschaften des Gases kennenzulernen. Einen der
gefüllten Zylinder nähert man einer Flamme. Der Wasserstoff
brennt mit einer kaum leuchtenden Flamme. Einen zweiten
Zylinder nehme man aus der Wanne und halte ihn mit der
Öffnung nach unten etwa eine Minute in der Hand. Beim An-

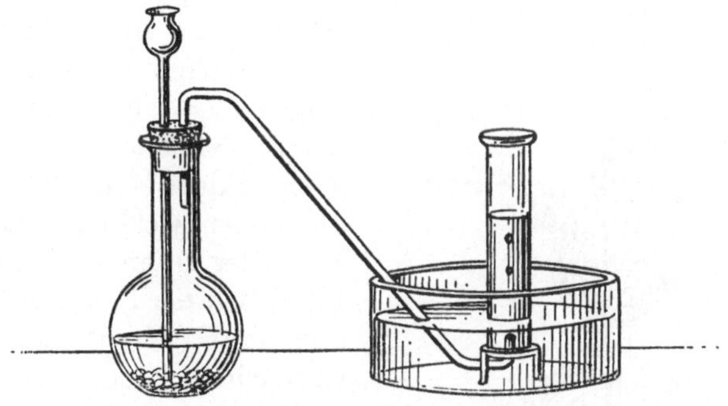

Abb. 6. Wasserstoffentwicklung aus Zink und Salzsäure.

nähern an eine Flamme zeigt sich, daß noch Wasserstoff
darin ist. Einen anderen Zylinder halte man, nachdem man
ihn aus der Wanne genommen hat, ebenso lange mit der
Mündung nach oben und bringe ihn dann an eine Flamme.
Es erfolgt keine Entzündung, denn der Wasserstoff ist aus
dem Zylinder entwichen, da er leichter ist als Luft.

Füllt man eine leichte Hülle aus Kollodiumhaut mit Wasserstoff, so steigt sie nach der Füllung an die Decke des
Raums, da der von ihr umschlossene Wasserstoff auf der
Luft schwimmt wie ein Tropfen Öl auf Wasser und dabei
die Hülle noch trägt. Genau so schwimmen auch die großen,
mit Wasserstoff gefüllten Luftschiffe auf der Luft, und je
größer ihr Inhalt an Wasserstoffgas ist, desto größer ist
auch ihre Tragkraft. 1 Liter Luft wiegt 1,293 g, 1 Liter

Wasserstoff nur 0,08987 g. Die Luft ist also 14,4 mal so schwer als der Wasserstoff. Der Auftrieb, der diesem Unterschied entspricht, wird aber nicht voll erreicht, da man sehr dichte Hüllen für die Wasserstoffballons braucht, um das Gas am Entweichen durch die Hülle zu hindern, so daß 1 cbm Wasserstoff in der Praxis nur die Tragkraft von etwa 1 kg besitzt.

Zur Entwicklung größerer Mengen Wasserstoffs benutzt man gewöhnlich einen Kippschen Apparat. Dieser Apparat (Abb. 7) besteht aus einem unteren Gefäß A, B, in dessen oberem Teil B sich Zinkstangen oder Stücke Zinkblech befinden. Durch das obere Gefäß O, das bei c luftdicht eingeschliffen ist, wird Säure eingegossen. Sie füllt das untere Gefäß an und kommt dann zu dem Metall, wodurch die Gasentwicklung beginnt. Wird der Hahn H, der beim Eingießen der Säure geöffnet sein muß, damit die Luft entweichen kann, jetzt geschlossen, so drängt der Wasserstoff, der sich aus dem Zink und der Säure entwickelt, die Säure nach A

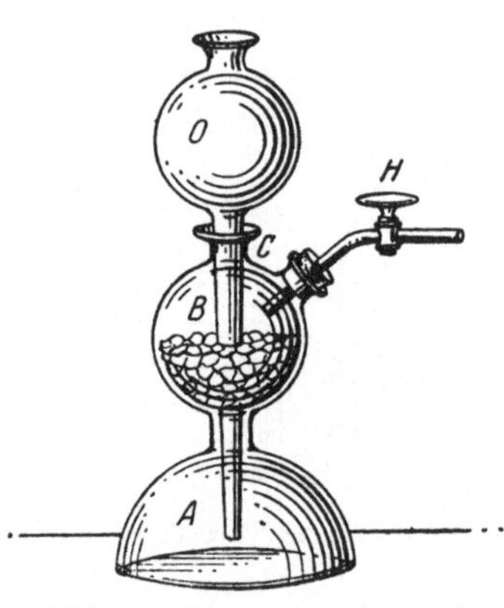

Abb. 7. Kippscher Apparat.

und O zurück, und die Gasentwicklung hört auf. Wird der Hahn wieder geöffnet, so kann die Säure wieder in B eintreten, und die Gasentwicklung setzt wieder ein. Man kann also aus einem solchen Apparat lediglich durch Öffnen des Hahns jederzeit Wasserstoff entnehmen. Noch bequemer ist die Benutzung des Wasserstoffs, der in komprimiertem Zustand ebenso wie der Sauerstoff von der Großindustrie in Stahlflaschen geliefert wird.

VI. Verbrennung des Wasserstoffs. Synthese und Analyse des Wassers. Moleküle. Atomgewichte. Chemische Symbole und Formeln. Wertigkeit. Äquivalentgewicht.

Zündet man Wasserstoff, der aus einer Glasröhre ausströmt, an, so verbrennt er, und es entsteht eine farblose, kaum leuchtende Flamme. Eine Verbrennung erfolgt, wie wir bereits gesehen haben, durch Vereinigung des brennenden Stoffs mit dem Sauerstoff der Luft, und wir werden daher als Verbrennungsprodukt eine Verbindung des Wasserstoffs mit dem Sauerstoff zu erwarten haben. Tatsächlich verbrennt auch der Wasserstoff auf diese Weise allmählich zu Wasserdampf, den man an einem über die Flamme gehaltenen Glas zu einem Beschlag von kleinen Wassertröpfchen verdichten kann. Die Flamme des brennenden Wasserstoffs ist sehr heiß; ein Platindraht oder

Abb. 8. Daniellscher Hahn (Knallgasgebläse).

ein Stückchen eines Auerstrumpfs, die man hineinhält, werden zu lebhafter Weißglut erhitzt. Noch höher wird die Temperatur, wenn man in die Wasserstoffflamme Sauerstoff einbläst. Es geschieht das am einfachsten mit einem Knallgasgebläse oder einem Daniellschen Hahn (Abb. 8). Die äußere Röhre wird mit einem Wasserstoffentwickler oder noch besser mit einer Stahlflasche, die komprimierten Wasserstoff enthält, verbunden. Der an der Mündung ausströmende Wasserstoff wird angezündet. Durch die innere Röhre, die man mit einer Sauerstoffflasche verbindet, strömt Sauerstoff in die Flamme ein. In der Flamme dieses Gebläses schmilzt Platin; unschmelzbare Stoffe, wie Kalk, werden zu höchster Weißglut erhitzt und senden ein blendendes Licht aus (Drummondsches Kalklicht). Eisen kann leicht zum Erweichen gebracht werden, so daß sich zwei Stücke zusammenschweißen lassen. Führt man der Gebläseflamme einen Überschuß von Sauerstoff zu, so verbrennt das Eisen, und es kann ein Eisenstab auf diese Weise zerteilt werden (autogenes Schweißen und Schneiden). Anders verläuft die Verbrennung, wenn man einer Wasserstoffmenge so viel Luft oder Sauerstoff beimischt, als sie zur Verbrennung braucht, und das Gemisch, das Knallgas genannt wird, dann entzündet. Die Verbrennung erfolgt dann nicht mehr allmählich, sondern mit einemmal unter Explosion, und die Explosion ist um so heftiger, je vollständiger die Vereinigung der beiden Gase zu Wasserdampf sich vollzieht. Am vollständigsten verbrennt das Gemisch, wenn auf zwei Raumteile oder Volumina Wasserstoff ein Volumen Sauerstoff kommt. Umgekehrt kann man auch zeigen, daß bei der Zerlegung des Wassers in seine Bestandteile ein Volumen Sauerstoff und zwei Volumina Wasserstoff entstehen. Zur Zerlegung des Wassers verwendet man am einfachsten den elektrischen Strom. Bringt man die beiden Pole einer Batterie in Wasser, so sieht man alsbald an ihnen Gasbläschen aufsteigen. Um diese Gasbläschen getrennt aufzufangen und sie zu untersuchen, benutzt man einen Hofmannschen Wasserzersetzungsapparat (Abb. 9). Die beiden Elektroden, an denen die Zersetzung erfolgen soll, liegen in zwei Röhren, die durch das Vorratsgefäß verbunden und oben durch Hähne abgeschlossen sind. Die Elektrode, die mit dem positiven Pol der Batterie verbunden ist, heißt Anode, die mit dem negativen Pol verbundene Kathode. Schickt man einen Strom durch den Apparat, so zeigt sich, daß an der Kathode die Gasentwicklung viel rascher vor sich geht und daß in dem Rohr, in dem sie angebracht ist, sich doppelt soviel Gas ansammelt als in dem anderen. Das in kleinerer Menge entstandene Gas entflammt einen glimmenden Span, ist also Sauerstoff, während

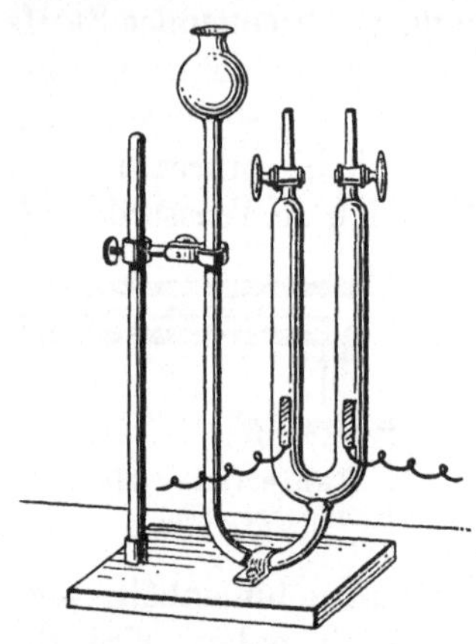
Abb. 9. Hofmannscher Wasserzersetzungsapparat.

das andere an seiner Brennbarkeit als Wasserstoff nachgewiesen wird.

Zum gleichen Resultat wie die durch die Elektrolyse ausgeführte Analyse des Wassers führt uns auch seine Synthese, d. h. sein Aufbau aus den elementaren Bestandteilen. Wir lassen in ein mit Quecksilber gefülltes Rohr, das in einer Quecksilberwanne steht, 3o ccm Knallgas, das durch elektrolytische Zersetzung von Wasser gewonnen ist, aufsteigen. Das Rohr ist von einer weiteren Röhre umgeben, durch die Wasserdampf strömt, so daß das Gasvolumen auf 100 ⁰ erhitzt wird. Lassen wir nun zwischen zwei Drähten, die in dem Rohr oben eingeschmolzen sind, elektrische Funken durch das Knallgas schlagen, so erfolgt die Verbindung von Wasserstoff und Sauerstoff zu Wasser, das, da das Rohr auf 100 ⁰ erhitzt ist, dampfförmig bleibt. Messen wir nun den Raum, den der Wasserdampf einnimmt, so finden wir, daß es nur 20 ccm sind. Aus 3o ccm Knallgas sind somit 20 ccm Wasserdampf geworden. Die 3o ccm Knallgas setzen sich aber zusammen aus zweimal 10 ccm oder zwei Raumteilen Wasserstoff und einmal 10 ccm, das ist ein Raumteil Sauerstoff, und die 20 ccm Wasserdampf entsprechen somit zwei Raumteilen. Es haben also zwei Raumteile oder Volumina Wasserstoff mit einem Volumen Sauerstoff zwei Volumina Wasserdampf gebildet. Die Volumina der Gase, die sich miteinander vereinigt haben, stehen also im Verhältnis ganzer Zahlen, und das Volumen des Wasserdampfs steht ebenfalls in einem ganzzahligen Verhältnis zu dem Volumen der beiden Gase, aus denen er entstanden ist. Diese Gesetzmäßigkeit zeigt sich nicht nur bei der Vereinigung von Sauerstoff und Wasserstoff, sondern in allen Fällen, in denen sich gasförmige Stoffe miteinander vereinigen, und sie ist von Gay Lussac und Humboldt aufgefunden worden. Fassen wir nun das Ergebnis des Versuchs kurz in eine Formel zusammen, so ergibt sich:

2 Volumina Wasserstoff + 1 Volum Sauerstoff = 2 Volumina Wasserdampf. ·

Erinnern wir uns nun einmal daran, daß wir auf S. 12 zu

der Auffassung gekommen waren, daß Verbindungen entstehen durch die Vereinigung kleinster Teilchen, die wir als Atome bezeichneten, so kommen wir zunächst zu der Überlegung, daß sich die Vereinigung der Gase in ganzzahligen Volumverhältnissen am einfachsten erklärt, wenn wir annehmen, daß die in einem Gasvolum enthaltene Anzahl kleinster Teilchen bei allen Gasen die gleiche ist. Setzen wir einmal die Anzahl dieser kleinsten Teilchen in einem Volum gleich n, so ergibt sich:

$$2\,\text{n Teilchen Wasserstoff} + 1\,\text{n Teilchen Sauerstoff} = 2\,\text{n Teilchen Wasserdampf.}$$

Wenn die Zahl n bei allen drei Gasen gleich ist, so fällt sie aus der Gleichung heraus, und wir kommen zu der Formulierung, die sich aus dem Versuch ergab. Die hier erforderliche Annahme wurde bereits im Anfang des 19. Jahrhunderts von dem Italiener Avogadro gemacht, und die nach ihm benannte Avogadrosche Hypothese besagt, daß in gleichen Volumen verschiedener Gase bei gleicher Temperatur und bei gleichem Druck die gleiche Anzahl kleinster Teilchen enthalten ist.

Daß bei dieser Hypothese Druck und Temperatur der Gase berücksichtigt werden müssen, ergibt sich daraus, daß durch Druck und Temperatur das Volumen der Gase sehr stark beeinflußt wird. Durch Druck werden die Gase zusammengepreßt, wie wir aus dem täglichen Leben wissen, und zwar wird das Volumen eines Gases oder der Raum, den es einnimmt, um so kleiner, je größer der Druck ist, den wir darauf wirken lassen, was sich ausdrücken läßt durch den Satz: Das Volumen eines Gases ist umgekehrt proportional dem darauf lastenden Druck (Gesetz von Boyle und Mariotte).

Temperaturänderung wirkt auf die Gase in der Weise ein, daß ein Gas für jeden Grad Temperaturerhöhung sich um $^1/_{273}$ seines Volumens ausdehnt (Gesetz von Gay Lussac).

Es fragt sich nun noch, was man sich unter den kleinsten Teilchen der Gase vorzustellen hat. Nehmen wir an, daß sie gleich seien den von Dalton eingeführten Atomen (S. 12), und daß in 1 Liter Wasserstoffgas 1000 Atome Wasser-

stoff enthalten wären, so enthielte 1 Liter Sauerstoff auch
1000 Atome, und die Vereinigung würde durch folgendes
Schema wiedergegeben:

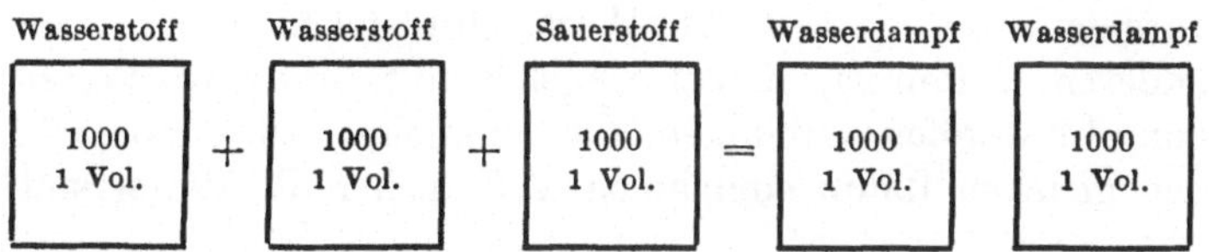

Das bedeutet aber, daß aus 2 Litern Wasserstoff und 1 Liter
Sauerstoff 2 Liter Wasserdampf entstehen. Diese beiden Liter
Wasserdampf können nach der Avogadroschen Hypothese
auch nur je 1000 kleinste Teilchen enthalten, also zusammen
2000. Dann wären aber bei der Umsetzung der 3000 Atome
Sauerstoff + Wasserstoff 1000 verlorengegangen, was nicht
möglich ist, denn Materie kann nicht vernichtet werden, da
dies dem Gesetz von der Erhaltung der Materie widerspricht.
Bei den Gasen können also die kleinsten Teilchen nicht mit
den Atomen identisch sein, da wir sonst zu unmöglichen
Schlußfolgerungen kommen.

Aus diesen Schwierigkeiten kommen wir aber sofort heraus durch eine Theorie von Cannizzaro, nach der in den
kleinsten Teilchen der Gase zwei Atome zu einem Massen-
teilchen vereinigt sind, das als Molekül bezeichnet wird, abgeleitet von dem lateinischen Wort molecula = kleine Masse.
Deuten wir nun bei einer graphischen Darstellung die Wasserstoffatome durch kleine Quadrate, die Sauerstoffatome
durch kleine Rechtecke an, die sich in beiden Fällen zu Molekülen zusammengelagert haben, und nehmen wir wieder willkürlich an, daß in jedem der drei Raumteile, die zur Vereinigung kommen, sechs Moleküle vorhanden seien, so erhält das Schema jetzt folgende Gestalt (s. S. 30). Bei der
Vereinigung zu Wasserdampf spalten sich nun zuerst die
sechs Sauerstoffmoleküle des Volums III in Atome, von
denen sechs mit den Wasserstoffmolekülen des Volums I zusammentreten und die sechs Wasserdampfmoleküle des Volums IV bilden, während die restlichen sechs Sauerstoffatome
mit den Wasserstoffmolekülen von Volum II die sechs Was-

serdampfmoleküle von Volum V liefern. Aus den drei Volumen Knallgas entstehen also dadurch zwei Volumina Wasserdampf, daß die Sauerstoffmoleküle des einen Volumens aufgeteilt werden auf die Wasserstoffmoleküle der beiden anderen Volumina, indem sie sich mit ihnen zu Wasserdampfmolekülen vereinigen, die nunmehr nach Avogadro den gleichen Raum einnehmen, den vorher die Wasserstoff-

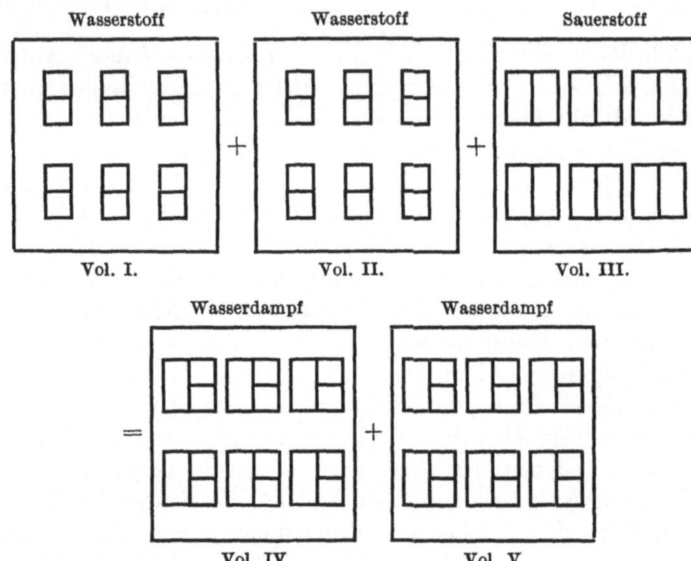

moleküle erfüllten. Nach diesen Überlegungen können wir jetzt die Synthese des Wassers in folgende Formel fassen:

2 Moleküle Wasserstoff $+$ 1 Molekül Sauerstoff $=$ 2 Moleküle Wasserdampf.

Durch die Annahme von Molekülen, die aus zwei Atomen bestehen, kommen wir also zu einer Vorstellung von der Vereinigung von Wasserstoff und Sauerstoff zu Wasser, die der Beobachtung gerecht wird und die mit der Hypothese von Avogadro im Einklang steht.

Die Formel, mit der wir diesen chemischen Vorgang oben ausgedrückt haben, läßt sich nun dadurch vereinfachen, daß wir die Namen der Elemente, die sich miteinander verbinden,

30

nicht ausschreiben, sondern Abkürzungen, sogenannte Symbole, verwenden. Wir kommen damit zu den Gleichungen und Formeln, die dem Laien gewöhnlich den Eindruck einer Geheimsprache machen und die Chemie mit dem Schein einer Geheimwissenschaft umgeben, die aber nur den Zweck haben, chemische Vorgänge kurz und jedem Fachkundigen verständlich darzustellen. Als Grundlage für die chemischen Symbole benutzt man nach einem Vorschlag von Berzelius die Anfangsbuchstaben der lateinischen Namen der Elemente, denen man, wenn zwei Elemente mit dem gleichen Buchstaben anfangen, noch einen zweiten zur Unterscheidung beigibt. So wird der Sauerstoff, lateinisch Oxygenium, mit dem Buchstaben O bezeichnet. Der Wasserstoff, lateinisch Hydrogenium, erhält das Zeichen H, während das Quecksilber, lateinisch Hydrargyrum, zum Unterschied davon mit Hg bezeichnet wird. Die Formeln der Verbindungen kommen dadurch zustande, daß man die Symbole der Elemente, aus denen die Verbindung besteht, nebeneinander schreibt. Nimmt ein Element mit mehreren Atomen am Aufbau einer Verbindung teil, so wird die Zahl dieser Atome durch einen Koeffizienten, den man rechts unten neben das Symbol setzt, zum Ausdruck gebracht. Die Formel H_2O für das Wasser bedeutet somit, daß ein kleinstes Teilchen Wasser, ein Wassermolekül, aus zwei Atomen Wasserstoff und einem Atom Sauerstoff besteht. Ist ein Element oder eine Verbindung mit mehreren Atomen oder Molekülen an einem chemischen Vorgang beteiligt, so deuten wir das durch einen Koeffizienten, der links vor das Symbol oder die Formel gesetzt wird, an, z. B. $3\,H_2O$. Chemische Vorgänge lassen sich dann durch Gleichungen darstellen, in denen auf der einen Seite des Gleichheitszeichens die Formeln der wirkenden Stoffe, auf der anderen die Formeln der Produkte des chemischen Vorgangs stehen. Den Vorgang der Wassersynthese können wir daher ausdrücken durch die Gleichung

$$2\,H_2 + O_2 = 2\,H_2O,$$

die besagt, daß aus zwei Molekülen Wasserstoff und einem Molekül Sauerstoff zwei Moleküle Wasser entstehen.

Diese Symbole haben aber nicht nur qualitative, sondern

auch quantitative Bedeutung, d. h. sie geben nicht nur die Art der Elemente an, die in einer Verbindung enthalten sind, sondern auch ihre Atomgewichte. Um das Gesetz der konstanten Proportionen erklären zu können, hatte D a l t o n, wie schon erwähnt, angenommen, daß den Atomen eines jeden Elementes ein bestimmtes Gewicht zukomme, das Atomgewicht. Da es nicht möglich war, das absolute Gewicht eines Atoms zu ermitteln, so arbeitete man mit relativen Atomgewichten, indem man das Atomgewicht des leichtesten Elementes, des Wasserstoffs, willkürlich $= 1$ setzte und nunmehr feststellte, wievielmal schwerer die Atome der anderen Elemente seien als ein Atom Wasserstoff. Aus physikalischen Daten können wir heute schließen, daß 1 g Wasserstoff etwa 606 000 Trillionen Atome Wasserstoff enthält, daß also das Gewicht eines Wasserstoffatoms etwa $\dfrac{1}{606\,000\ \text{Trillionen}}$ Gramm beträgt. Da aber das Rechnen mit solchen Zahlen zu unbequem ist, so behält man die relativen Atomgewichte bei. Nur eine kleine Änderung ist ungefähr zu Beginn des Jahrhunderts eingetreten. Man setzt nicht mehr das Wasserstoffatomgewicht $= 1$, sondern das Atomgewicht des Sauerstoffs $= 16,00$. Während man früher geglaubt hatte, daß das Sauerstoffatom genau 16 mal so schwer sei als das Wasserstoffatom, ergaben neuere Bestimmungen für das Atomgewicht des Sauerstoffs, bezogen auf Wasserstoff, den Wert 15,88. Da nun die Atomgewichte vieler anderer Elemente aus Sauerstoffverbindungen bestimmt waren, so behielt man, um viele Umrechnungen zu sparen, den Wert von 16,00 für Sauerstoff bei. Gleichzeitig ist man auch dadurch unabhängig von Änderungen, die sich durch eine noch genauere Bestimmung des Verhältnisses von Sauerstoffatom zu Wasserstoffatom ergeben könnten, da dann immer nur der Wert für das Atomgewicht des Wasserstoffs geändert zu werden braucht, der jetzt 1,0078 beträgt. In der folgenden Tabelle sind die zur Zeit bekannten Elemente, ihre Symbole und ihre Atomgewichte zusammengestellt.

Mit Hilfe dieser Atomgewichte können wir die Zusammensetzung einer jeden Verbindung, deren Formel wir kennen,

1929.

Praktische Atomgewichte.

Symbol	Name	Atomgewicht	Symbol	Name	Atomgewicht
Ag	Silber	107.880	Mn	Mangan	54.93
Al	Aluminium	26.97	Mo	Molybdän	96.0
Ar	Argon	39.94	N	Stickstoff	14.008
As	Arsen	74.96	Na	Natrium	22.997
Au	Gold	197.2	Nb	Niobium	93.5
B	Bor	10.82	Nd	Neodym	144.27
Ba	Barium	137.36	Ne	Neon	20.18
Be	Beryllium	9.02	Ni	Nickel	58.69
Bi	Wismut	209.00	**O**	**Sauerstoff**	**16.000**
Br	Brom	79.916	Os	Osmium	190.9
C	Kohlenstoff	12.000	P	Phosphor	31.02
Ca	Calcium	40.07	Pb	Blei	207.21
Cd	Cadmium	112.41	Pd	Palladium	106.7
Ce	Cerium	140.13	Pr	Praseodym	140.92
Cl	Chlor	35.457	Pt	Platin	195.23
Co	Kobalt	58.94	Ra	Radium	225.97
Cp	Cassiopeium	175.0	Rb	Rubidium	85.45
Cr	Chrom	52.01	Rh	Rhodium	102.9
Cs	Caesium	132.81	Ru	Ruthenium	101.7
Cu	Kupfer	63.57	S	Schwefel	32.6
Dy	Dysprosium	162.46	Sb	Antimon	121.76
Em	Emanation	222	Sc	Scandium	45.10
Er	Erbium	167.64	Se	Selen	79.2
Eu	Europium	152.0	Si	Silicium	28.06
F	Fluor	19.00	Sm	Samarium	150.43
Fe	Eisen	55.84	Sn	Zinn	118.70
Ga	Gallium	69.72	Sr	Strontium	87.63
Gd	Gadolinium	157.3	Ta	Tantal	181.5
Ge	Germanium	72.60	Tb	Terbium	159.2
H	Wasserstoff	1.0078	Te	Tellur	127.5
He	Helium	4.002	Th	Thorium	232.12
Hf	Hafnium	178.6	Ti	Titan	47.90
Hg	Quecksilber	200.61	Tl	Thallium	204.39
Ho	Holmium	163.5	Tu	Thulium	169.4
In	Indium	114.8	U	Uran	238.14
Ir	Iridium	193.1	V	Vanadium	50.95
J	Jod	126.93	W	Wolfram	184.0
K	Kalium	39.104	X	Xenon	130.2
Kr	Krypton	82.9	Y	Yttrium	88.93
La	Lanthan	138.90	Yb	Ytterbium	173.5
Li	Lithium	6.940	Zn	Zink	65.38
Mg	Magnesium	24.32	Zr	Zirkonium	91.22

berechnen und ebenso die Mengen ermitteln, die bei einem chemischen Vorgang umgesetzt werden. Die Darstellung des Sauerstoffs aus Quecksilberoxyd wird ausgedrückt durch die Gleichung $HgO = Hg + O$. Diese Gleichung sagt nicht nur, daß ein Molekül Quecksilberoxyd zerfällt in ein Atom Quecksilber und ein Atom Sauerstoff, sondern auch, daß ein Grammmolekül Quecksilberoxyd ein Grammatom Quecksilber und ein Grammatom Sauerstoff liefert. Das Molekül setzt sich, wie wir gesehen haben, zusammen aus Atomen, die beim Molekül eines Elementes gleich, beim Molekül einer Verbindung verschieden sind. Das Molekulargewicht ist demnach gleich der Summe der Atomgewichte. Drücken wir das Molekulargewicht in Grammen aus, so haben wir das Grammmolekül, abgekürzt auch Mol genannt. Das Molekulargewicht des Quecksilberoxyds ist nach der Tabelle $200,61 + 16,00 = 216,61$. Das Mol Quecksilberoxyd $216,61$ g gibt also beim Erhitzen ein Grammatom oder $200,61$ g Quecksilber und $16,00$ g oder ein Grammatom Sauerstoff. Soll berechnet werden, wieviel Sauerstoff eine beliebige Menge, etwa 80 g, Quecksilberoxyd liefert, so ergibt sich das aus dem einfachen

$$\text{Ansatz: } 216,61 : 16,00 = 80 : x \text{ oder} \frac{16,00 \cdot 80}{216,61} = x = 5,91 \text{ g}.$$

Eine andere Eigenschaft der Elemente, für deren Bestimmung der Wasserstoff gleichfalls als Vergleichselement herangezogen wird, ist die Valenz oder Wertigkeit. Unter allen Verbindungen des Wasserstoffs gibt es keine, in der der Wasserstoff mehr als ein Atom eines anderen Elementes zu binden vermag. Er wird deshalb als einwertig bezeichnet, und man bemißt die Wertigkeit der Elemente nach der Zahl der Wasserstoffatome, die sich mit ihnen verbinden können. So ist der Sauerstoff, der im Wasser mit zwei Wasserstoffatomen verbunden ist, ein zweiwertiges Element. Die Gewichtsmenge eines Elementes, die mit einem Grammatom Wasserstoff sich verbindet oder es in einer Verbindung ersetzen kann, die ihm also gleichwertig ist, nennt man das Äquivalentgewicht. Bei einwertigen Elementen ist das Äquivalentgewicht gleich dem Atomgewicht des Elementes, bei mehrwertigen ist das Atomgewicht ein ganzzahliges Vielfaches des Äquivalentgewichtes.

VII. Das Wasser. Reduktion. Gefrierpunkts-erniedrigung. Siedepunktserhöhung. Molekular-gewichtsbestimmung. Ionentheorie.

Wenn Wasserstoff an der Luft verbrennt, so vereinigt er sich, wie wir sahen, mit dem Sauerstoff der Luft zu Wasser. Das Wasser ist somit das Verbrennungsprodukt des Wasserstoffs. Auch wenn der Wasserstoff nicht im freien Zustand verbrennt, sondern als Bestandteil einer Verbindung, liefert er Wasser. Daraus erklärt sich die Erscheinung, daß sich Wasser aus Flammen abscheidet. Stellen wir einen Kessel oder einen Glaskolben, der mit kalter Flüssigkeit gefüllt ist, aufs Feuer, so beschlägt sich sein Boden mit Wasser, das aus der Flamme stammt. Unsere Heizmaterialien, wie Holz oder Kohle oder Gas oder Spiritus und andere, enthalten alle Wasserstoff entweder im freien oder im gebundenen Zustand, der beim Verbrennen Wasserdampf gibt, der sich an dem Kessel, solange er noch kalt ist, verdichtet. Umgekehrt ist es nicht nötig, daß der Sauerstoff, den der Wasserstoff zur Verbrennung braucht, in freiem Zustand vorhanden ist, sondern der Wasserstoff vermag ihn aus Verbindungen herauszunehmen. Besonders leicht geht das bei einer großen Reihe von Metallsauerstoffverbindungen, sogenannten Metalloxyden. Bringen wir Kupferoxyd, ein schwarzes Pulver, in eine Glasröhre, durch die Wasserstoff strömt, und erhitzen nach völliger Verdrängung der Luft gelinde mit einem Bunsenbrenner, so schlägt sich in einiger Entfernung von der erwärmten Stelle, wo das Rohr kalt ist, Wasser nieder, und die schwarze Farbe des Kupferoxyds geht in die rote des metallischen Kupfers über. Dem Kupferoxyd ist durch den Wasserstoff der Sauerstoff entzogen worden. Diesen Vorgang bezeichnen wir als eine Reduktion. Er ist die Umkehrung des Vorganges, der früher als Oxydation bezeichnet wurde. Wir können somit die beiden wichtigen und häufig vorkommenden Prozesse der Oxydation und Reduktion folgendermaßen definieren: Die Oxydation erfolgt durch Zuführung von Sauerstoff oder durch die Wegnahme von

Wasserstoff; umgekehrt erfolgt die Reduktion durch Zuführung von Wasserstoff und Wegnahme von Sauerstoff.

Durch die Darstellung des Wassers aus Wasserstoff und Sauerstoff ist bewiesen, daß das Wasser eine Verbindung ist, eine Erkenntnis, zu der man erst in den Jahren 1781 und 1783 gelangte durch die Versuche von Cavendish und später von Lavoisier, die zuerst durch Verbrennung von Wasserstoff an der Luft Wasser erhielten. Bis dahin hatte man das Wasser für eines der vier Elemente gehalten, aus denen das Weltall nach der damaligen Ansicht bestehen solle. Diese Darstellung des Wassers aus seinen elementaren Bestandteilen liefert uns ein völlig reines Wasser, sie hat aber keine praktische Bedeutung, da wir für alle praktischen Zwecke das in der Natur vorkommende Wasser verwenden, nachdem es ein seinem Verwendungszweck entsprechendes Reinigungsverfahren durchgemacht hat. Das natürlich vorkommende Wasser ist nämlich im Gegensatz zu dem synthetisch hergestellten nicht rein, sondern es enthält eine ganze Reihe von Stoffen im gelösten Zustand und ist häufig auch noch durch ungelöste Stoffe, die darin aufgeschwemmt oder suspendiert sind, verunreinigt. Zu diesen letzteren Verunreinigungen gehören außer Ton und Schlamm auch pflanzliche und tierische Organismen wie Algen und Bakterien. Regenwasser ist ziemlich reines Wasser, da es, abgesehen von Ruß oder Staubteilchen, lediglich gasförmige Stoffe enthält, die es auf seinem Wege durch die Luft aufnimmt. Das Wasser der Quellen und Flüsse löst dagegen aus dem Boden auch noch feste Stoffe auf, die man Salze nennt. Besondere Bedeutung für die Beschaffenheit des Wassers hat der Gehalt an Kalksalzen. Wasser, das wenig Kalksalze enthält, ist ein weiches Wasser, ähnlich wie das Regenwasser, ein hoher Gehalt an Kalksalzen macht das Wasser hart. Hartes Wasser ist zum Waschen schlecht geeignet, da es viel Seife verbraucht, ehe eine Schaumbildung auftritt, denn der im Wasser gelöste Kalk bildet mit der Seife unlösliche Verbindungen, die sich ausscheiden und wirkungslos bleiben.

Daß das Wasser Luft enthält, sehen wir daran, daß beim Erwärmen des Wassers Luftbläschen daraus aufsteigen, denn

die Gase lösen sich in kaltem Wasser leichter als in warmem
und werden daher durch Erwärmen ausgetrieben. Die Mineralwässer sind durch einen größeren Gehalt an festen oder
gasförmigen Stoffen ausgezeichnet. Sie enthalten z. B. Kochsalz oder ein Salz des Magnesiums, das wegen seines bitteren
Geschmacks Bittersalz heißt; andere, die sogenannten Stahlwässer, haben Eisenverbindungen gelöst. Die Säuerlinge enthalten ein später noch zu betrachtendes Gas, Kohlendioxyd,
fälschlich Kohlensäure genannt, oft in solchen Mengen, daß
es in Bläschen aus dem Wasser entweicht. Von den aufgeschwemmten Stoffen kann das Wasser durch eine Filtration
befreit werden. Man benutzt hierzu große Filteranlagen, in
denen das Wasser durch Schichten von Sand, der nach unten
immer gröber wird, dann durch Kies und schließlich eine
Schicht von Steinen hindurchläuft. Energischer wirken noch
Kohlefilter, weil die poröse Kohle Gase, Farbstoffe und auch
Bakterien in ihren Poren zurückzuhalten vermag. Von den
gelösten Stoffen dagegen reinigt man das Wasser durch das
auf S. 8 beschriebene Verfahren der Destillation. Destilliertes Wasser ist frei von Salzen und hat daher einen faden Geschmack. Bei der Reinigung des Trinkwassers begnügt man
sich mit der Filtration, bei der die den Geschmack bedingenden Salze im Wasser erhalten bleiben. Reines destilliertes
Wasser erscheint gewöhnlich farblos, in dicker, 5 m starker
Schicht dagegen zeigt es eine himmelblaue Farbe.

Wird das Wasser abgekühlt, so zieht es sich zunächst zusammen, bis die Temperatur von 4^0 erreicht ist. Dann beginnt es sich wieder auszudehnen und schließlich erstarrt es
zu Eis, das einen größeren Raum einnimmt als vorher das
flüssige Wasser, denn aus 1 ccm Wasser von 0^0 wird
1,0907 ccm Eis. Wasser, das in einem Raum fest eingeschlossen ist, übt daher beim Einfrieren auf seine Umgebung
einen beträchtlichen Druck aus und zersprengt daher das
Gestein, in dessen Spalten es eingedrungen ist, oder das Leitungsrohr der Wasserleitung. In den Zeiten, in denen es
noch kein Sprengpulver gab, benutzte man Wasser als Sprengmittel beim Bau der Alpenstraßen. Bohrlöcher, die man in
das Gestein getrieben hatte, wurden mit Wasser gefüllt, das

dann beim Gefrieren die gewünschte Sprengwirkung leistete. Wenn im Winter die Gewässer in der Natur sich abkühlen, so sinkt das Wasser, das bei der Abkühlung zunächst schwerer wird, von der Oberfläche nach unten. Erst wenn die ganze Wassermenge auf 4^0 abgekühlt ist, geht die Abkühlung weiter bis zur Bildung von Eis, das auf dem Wasser schwimmt und es schließlich bedeckt. Bei weiterer Abkühlung wächst die Dicke der Eisdecke von oben nach unten, so daß eine recht beträchtliche Kälte erforderlich ist, um ein Gewässer bis zum Boden erstarren zu lassen. Die Wassertiere sind daher durch dieses Verhalten des Wassers vor dem Einfrieren geschützt.

Wird das Wasser erwärmt, so wächst sein Bestreben, in Dampf überzugehen, oder sein Dampfdruck mit steigender Erwärmung, bis er dem Druck der Atmosphäre, der im Normalzustand durch eine Quecksilbersäule von 760 mm gemessen wird, gleich ist, und dann siedet das Wasser. Diesen Siedepunkt des Wassers benutzen wir als den einen Fixpunkt bei der Herstellung unserer Thermometer. Den Punkt, bei dem das Eis schmilzt oder das Wasser erstarrt, nehmen wir als Nullpunkt. Das Intervall wird bei dem heute allgemein üblichen Celsiusthermometer in 100 Grade eingeteilt. Durch Verminderung des Drucks, der auf das Wasser wirkt, wird der Siedepunkt herabgesetzt, durch Druckerhöhung steigt er. Auf hohen Bergen kocht das Wasser daher weit unter 100^0, und man kann die Differenz zwischen den Siedepunkten im Tal und auf dem Gipfel zu Höhenmessungen verwerten. Erhitzt man Wasser im geschlossenen Gefäß unter dem Druck seines eigenen Dampfes, so kann man leicht Temperaturen über 100^0 erreichen, was mit dem Papinschen Topf in der Küche praktisch ausgenutzt wird. Oberhalb der Temperatur von 370^0 geht das Wasser auch bei beliebig hohem Druck völlig in Dampf über. Die Temperatur von 370^0 wird daher die kritische Temperatur des Wassers genannt, und der Druck von 200 Atmosphären, den der Dampf bei dieser Temperatur ausübt, heißt der kritische Druck.

Für eine ganze Reihe von Konstanten, die wir an Elementen und Verbindungen messen, dient uns das Wasser als Vergleichssubstanz. Die Einheit des Gewichtssystems, das

Gramm, ist definiert durch die Masse eines Kubikzentimeters Wasser von 4^0, gewogen im luftleeren Raum. Wägen wir einen Kubikzentimeter einer anderen Substanz, so ist diese Zahl, die angibt, wievielmal schwerer oder leichter die Substanz ist als das gleiche Volum Wasser, das spezifische Gewicht oder die Dichte der Substanz bezogen auf Wasser.

Die Wärmemenge, die erforderlich ist, um 1 g Wasser von $14,5^0$ auf $15,5^0$ zu erwärmen, bezeichnet man als Grammkalorie, die tausendfache Menge als Kilokalorie. Die Wärmemenge, die bei anderen Stoffen gebraucht wird, um den gleichen Effekt zu erzielen, wird als spezifische Wärme bezeichnet.

Das Wasser ist eine sehr beständige chemische Verbindung. Erst bei sehr hohen Temperaturen spaltet es sich in seine Bestandteile. Bei 1400^0 ist Wasserdampf etwa zu $0,1\%$ in Sauerstoff und Wasserstoff zerfallen, und bei 2800^0 ist der Zerfall erst auf etwa 13% gestiegen.

Im praktischen Leben dient uns das Wasser als Trinkwasser, als Gebrauchswasser zum Waschen, zur Kesselspeisung und als Lösungsmittel für die verschiedensten Substanzen.

Wenn in Wasser Substanzen aufgelöst werden, so wird der Dampfdruck des Wassers dadurch herabgesetzt und der Siedepunkt infolgedessen erhöht. Andererseits wird der Gefrierpunkt erniedrigt. Salzlösung friert schwerer als reines Wasser, deshalb taut man durch Aufstreuen von Salz Schnee und Eis und macht aus Eis und Salz Kältemischungen. Die Moleküle des gelösten Stoffs ziehen nämlich die Moleküle des Lösungsmittels an und wirken infolgedessen einer Trennung, wie sie beim Sieden oder beim Ausfrieren des Lösungsmittels stattfindet, entgegen. Der Betrag der Gefrierpunktserniedrigung und der Siedepunktserhöhung hängt daher auch ab von der Anzahl der Moleküle, die in einer bestimmten Flüssigkeitsmenge gelöst ist. Lösungen, die die gleiche Anzahl Moleküle in der gleichen Flüssigkeitsmenge enthalten, die isomolekular oder äquimolekular sind, zeigen daher die gleiche Gefrierpunktserniedrigung und die gleiche Erhöhung des

Siedepunkts. Auf dieser Erscheinung beruht eine sehr viel angewendete Methode zur Bestimmung von Molekulargewichten. Soll beispielsweise eine Molekulargewichtsbestimmung durch Gefrierpunktserniedrigung ausgeführt werden, so wird zunächst die molekulare Depression bestimmt, das ist die Erniedrigung des Gefrierpunktes, die durch ein Grammolekül in 100 oder 1000 ccm Lösungsmittel hervorgerufen wird. Dazu löst man gewogene Mengen von Substanzen mit bekanntem Molekulargewicht in so viel Wasser oder einem anderen geeigneten Lösungsmittel, daß die Lösung einprozentig wird, und bestimmt die Erniedrigung des Gefrierpunktes. Durch Multiplikation des Wertes mit dem bekannten Molekulargewicht erhält man die molekulare Depression, da die Erniedrigung des Gefrierpunktes bei nicht zu konzentrierten Lösungen proportional der Konzentration ist. Hat man die molekulare Depression ermittelt, so macht man nun von der Substanz, deren Molekulargewicht festgestellt werden soll, ebenfalls eine einprozentige Lösung und bestimmt an ihr die Gefrierpunktserniedrigung. Dividiert man mit diesem Wert in die molekulare Depression, so ergibt sich das Molekulargewicht. Genau analog verläuft die Bestimmung des Molekulargewichtes durch Siedepunktserhöhung. Die Methode der Molekulargewichtsbestimmung, die mit der Bestimmung des Gefrierpunktes arbeitet, wird als die kryoskopische, die auf der Bestimmung der Siedepunktserhöhung beruhende als die ebullioskopische bezeichnet.

Aber nicht bei allen Stoffen treffen diese Regelmäßigkeiten zu. Löst man Zucker in Wasser auf und bestimmt die Gefrierpunktserniedrigung, so findet man aus ihr als molekulare Depression den Wert von 19. Macht man den gleichen Versuch mit Kochsalz, so kommt man zu dem Wert von 36,07, der nahezu doppelt so groß ist. Es sieht also aus, als seien statt einem Grammolekül deren zwei in der Kochsalzlösung vorhanden gewesen. Das ist, wie Arrhenius fand, nicht nur beim Kochsalz der Fall, sondern bei allen Stoffen, deren wässerige Lösung den elektrischen Strom leitet, während Stoffe wie Zucker, deren Lösung den elektrischen Strom nicht leitet, normale Werte der Gefrierpunkts-

erniedrigung geben. Er kam deshalb zu dem Schluß, daß
zwischen diesen beiden Erscheinungen ein Zusammenhang
bestehe, und er stellte zur Erklärung seiner Beobachtungen
die Theorie der elektrolytischen Dissoziation oder die Ionen-
theorie auf.

Nach dieser Theorie wird angenommen, daß die Moleküle
der Elektrolyte, sobald sie sich in Wasser lösen, einen mehr
oder weniger vollständigen Zerfall erleiden, in elektrisch geladene Teilstücke, die als Ionen bezeichnet werden, abgeleitet von dem griechischen Wort τὸ ἴον, das Gehende, das
Wandernde. Diese Ionen verhalten sich in der Lösung genau
so wie Moleküle und bedingen eine Veränderung des Gefrierpunktes und des Siedepunktes in der Lösung, die über den
für die ungespaltene Substanz zu erwartenden Wert weit
hinausgeht. Wird ein elektrischer Strom mittels zweier Elektroden, die man in die Lösung einsenkt, durch sie geschickt,
so wandern, wie der Name andeutet, die Ionen zu den Elektroden. Die negativ geladenen gehen zu dem positiven Pol,
der Anode, weshalb sie Anionen genannt werden. Die positiv
geladenen werden dagegen vom negativen Pol, der Kathode
angezogen und wandern ihr zu, woher sie den Namen Kationen erhalten haben. An den Elektroden gleichen sie ihre
Ladung mit der der Elektrode aus und werden aus der Lösung abgeschieden. In dieser Wanderung besteht die Stromleitung, an der ungespaltene Moleküle, die sich noch in der
Lösung befinden, keinen Anteil haben. Die Ionen bestehen
aus einem oder mehreren Atomen und sie sind mit einer
Ladung verbunden, deren Größe von der Wertigkeit des
Atoms oder des Atomkomplexes abhängt. Das Ion eines einwertigen Elementes ist mit dem einfachen Elementarquantum
Elektrizität, dem Elektron, oder Elektrizitätsatom verbunden.
Ein mehrwertiges Ion hat je nach der Zahl der Wertigkeit
das entsprechende Vielfache dieser Ladung. Die Ionen bezeichnen wir ebenso wie die Atome durch Symbole, und zwar
dadurch, daß wir die elektrische Ladung andeuten, die das
Atom zum Ion macht. Dabei wird eine positive Ladung durch
einen Punkt, eine negative durch einen Strich rechts oben
neben dem Symbol ausgedrückt; die Zahl der Striche oder

Punkte zeigt die Zahl der Ladungen an, mit denen das Atom
verbunden ist. H' bedeutet also das einwertige positive Wasserstoffion, Cl' ist das einwertige negative Chlorion und Ba¨
das zweiwertige positive Bariumion.

VIII. Säuren, Basen, Salze.

Die Elektrolyte, die, wie wir gesehen haben, bei ihrer Auflösung in Wasser in Ionen zerfallen, können wir einteilen in
Säuren, Basen und Salze. Die Säuren haben ihren Namen erhalten von dem saueren Geschmack, der ihnen eigentümlich
ist. Sie haben ferner die Eigenschaft, daß sie den blauen
Lackmusfarbstoff röten, eine Reaktion, die, wie wir sahen,
zu ihrem allgemeinen Nachweis dienen kann. Viele Säuren
finden sich in der Natur im tierischen und pflanzlichen Organismus, wie z. B. die Weinsäure oder die Zitronensäure.
Von ihnen ist die Bezeichnung des Elementes Sauerstoff hergeleitet, weil man irrtümlich annahm, daß dieses Element
ein unentbehrlicher Bestandteil bei der Bildung der Säuren
sei, denn man hatte beobachtet, daß manche Stoffe, wie z. B.
der Phosphor (vgl. S. 14), beim Verbrennen, also bei der
Vereinigung mit dem Luftsauerstoff Verbindungen gaben, die
sich im Wasser lösten und diesem einen saueren Geschmack
verliehen. Schließlich sahen wir auf S. 22, daß die Säuren
mit Metallen Wasserstoff entwickeln, und daß dieser Vorgang
zur bequemen Darstellung von Wasserstoffgas benutzt werden
kann.

Leitet man nun einen elektrischen Strom durch die wässerige Lösung einer Säure, so erfolgt eine Zersetzung, und in
allen Fällen erscheint an der Kathode ein Gas, das sich als
Wasserstoff erweist. Daraus geht hervor, daß alle Säuren
Wasserstoff enthalten, und daß sie bei der Dissoziation Wasserstoffionen liefern, die zur Kathode wandern, da sie positiv geladen sind. Das negative Anion geht zur Anode und
wird entweder hier abgeschieden oder es setzt sich mit dem
überschüssigen Elektrolyten oder mit dem Lösungswasser

oder auch mit dem Elektrodenmaterial um. Der Wasserstoff ist also der charakteristische Bestandteil der Säuren. Die Wasserstoffionen bedingen den sauren Geschmack und veranlassen die Rötung des Lackmuspapiers. Auf die Wasserstoffionen ist auch die Entwicklung des Wasserstoffs aus Säure und Metall zurückzuführen. Bringen wir nämlich zu der verdünnten Säure, die Wasserstoffionen enthält, das Metall, das noch keine Ladung besitzt, so geht die Ladung der Wasserstoffionen auf das Metall über, wenn dieses eine größere Elektroaffinität hat, das heißt, wenn elektrische Ladungen an ihm fester haften als am Wasserstoff, und der Wasserstoff wird jetzt als Gas aus der Lösung abgeschieden, während das Metall als Ion in die Lösung geht. Der Säurecharakter einer Verbindung ist also nicht abhängig von einem Gehalt an Sauerstoff, sondern er ist bedingt durch den Wasserstoff, der bei der Lösung als Ion abgespalten wird, woraus sich die Existenz von sauerstofffreien Säuren erklärt. Wenn man einen Wechselstrom durch die Lösung einer Säure schickt, wodurch die Zersetzung vermieden wird, und Meßinstrumente einschaltet, so kann man feststellen, wie groß der Widerstand ist, den die Säure dem Stromdurchgang entgegensetzt, oder umgekehrt ausgedrückt, wie groß das Leitvermögen der Säure ist, genau so wie man den Widerstand eines metallischen Leiters bestimmt. Dabei findet man, daß bei mäßiger Verdünnung die verschiedenen Säuren sich in ihrer Leitfähigkeit stark unterscheiden. Da die Stromleitung durch die freien Ionen bewirkt wird, so muß auch die Menge der freien Ionen in den Lösungen der einzelnen Säuren verschieden sein, und es kann der Anteil Säure, der bei der Auflösung in Wasser zerfällt, nicht immer derselbe sein. Er ist vielmehr abhängig von der Natur der verschiedenen Säuren und von der Verdünnung, und zwar in der Art, daß mit wachsender Verdünnung der dissoziierte Anteil ebenfalls wächst, so daß bei unendlicher Verdünnung alle Säuren völlig gespalten sind. Das Verhältnis zwischen dissoziiertem und ungespaltenem Anteil bezeichnet man als Dissoziationsgrad und bestimmt die Stärke der Säuren, indem man den Dissoziationsgrad in Lösungen ermittelt, die die gleichen Mengen

Wasserstoff im gleichen Volumen enthalten. Denn da die spezifischen Eigenschaften der Säuren durch die Wasserstoffionen hervorgerufen werden, so muß die Säure die stärkste sauere Wirkung ausüben, in deren Lösung die Konzentration der Wasserstoffionen den größten Betrag erreicht. Zusammenfassend läßt sich also sagen: Säuren sind Wasserstoffverbindungen der Nichtmetalle, die in wässeriger Lösung zerfallen in Wasserstoffionen und in das Säureanion. Die Säuren, bei denen dieser Zerfall schon bei mäßiger Verdünnung in erheblichem Maße eintritt, bezeichnet man als starke Säuren, während bei den schwachen Säuren die Dissoziation erst in verdünnteren Lösungen erfolgt. Enthält das Molekül einer Säure nur ein Wasserstoffatom, das in der Lösung als Ion abgespalten werden kann, so ist sie einbasisch, mehrbasisch ist sie dann, wenn mehrere derartige Wasserstoffatome vorhanden sind.

Die Basen sind Hydroxylverbindungen der Metalle, d. h. ihr Molekül setzt sich zusammen aus einem Metallatom und der Gruppe OH, die wir als Hydroxylgruppe bezeichnen. Bei der Auflösung in Wasser zerfallen sie und geben Metallionen und Hydroxylionen, die für sie ebenso charakteristisch sind wie die Wasserstoffionen für die Säuren. Durch die Hydroxylionen wird eine Reaktion verursacht, die allen Basen eigentümlich ist, nämlich die Blaufärbung des geröteten Lackmusfarbstoffs. Auch bei den Basen erfolgt der Zerfall nicht immer in der gleichen Weise, vielmehr ist auch hier die Dissoziation abhängig von der Natur der einzelnen Base und der Verdünnung. Genau wie bei den Säuren mißt man auch bei den Basen ihre Stärke an der Größe des Dissoziationsgrades, den man durch Bestimmung des elektrischen Leitvermögens ermittelt. Als starke Basen werden diejenigen bezeichnet, die schon in konzentrierter Lösung dissoziieren, die erst in verdünnter Lösung zerfallenden sind schwache Basen. Einsäurige Basen haben in ihrem Molekül nur eine Hydroxylgruppe, die bei der Auflösung zum Ion werden kann. Basen, die mehrere solche Hydroxylgruppen haben, sind mehrsäurig.

Salze zerfallen in wässeriger Lösung in Kationen, die entweder von einzelnen Metallionen oder von positiv geladenen

Atomgruppen gebildet werden, und in Anionen, die aus einem Nichtmetall oder negativ geladenen Atomgruppen bestehen. Das Kochsalz, das sich aus den Elementen Natrium und Chlor zusammensetzt, zerfällt beispielsweise in freie Chlorionen und freie Natriumionen, wenn es in Wasser aufgelöst wird. Dieser Satz scheint zunächst mit der täglichen Erfahrung im Widerspruch zu stehen. Bei der Darstellung des Wasserstoffs (S. 21) haben wir gesehen, daß das Natrium das Wasser zersetzte und gasförmigen Wasserstoff frei machte. Wenn man Salz in die Suppe streut, so löst es sich ohne irgendwelche Begleiterscheinungen auf, und von den Vorgängen, die das Natrium bei der Wasserstoffentwicklung verursachte, ist nichts zu bemerken. Dieser Widerspruch ist aber nur scheinbar. Das Natriummetall, das das Wasser zersetzte, besteht aus Molekülen und Atomen, von denen sich das Ion, das mit einer elektrischen Ladung verbunden ist, scharf unterscheidet. Durch die Verbindung mit der elektrischen Ladung hat das Natriumion ganz andere Eigenschaften bekommen als ein Natriumatom. Geradeso wie die Eigenschaften eines Elementes in seinen Verbindungen nicht mehr zutage treten, ebenso sind die Eigenschaften des Natriumatoms im Natriumion nicht mehr erkennbar.

Salze erhält man, wenn man zur Lösung einer Base so viel Säure hinzugibt, daß rotes Lackmuspapier von der Lösung nicht mehr gebläut und blaues Lackmuspapier noch nicht gerötet wird, wenn man also mit einem Wort die Base neutralisiert. Bei diesem Neutralisationsvorgang vereinigen sich die Hydroxylionen der Base mit den Wasserstoffionen, die von der Säure herrühren, zu Wasser. Das Wasser gehört nämlich zu den Stoffen, die gar nicht oder nur in Spuren dissoziiert sind. Treffen nun Hydroxylionen und Wasserstoffionen in wässeriger Lösung zusammen, so vereinigen sie sich zu Wassermolekeln, die sich den Molekülen des Lösungswassers zugesellen. Daß bei der Neutralisation lediglich Wasser entsteht, kann man beweisen, wenn man die Wärmetönung mißt, die bei der Umsetzung auftritt.

Bei der Bildung chemischer Verbindungen oder bei ihrer Zersetzung beobachtet man nämlich einen „kalorischen" Effekt oder eine Wärmetönung, d. h. es wird entweder Wärme frei oder es wird Wärme verbraucht. In den meisten Fällen wird, wie die Erfahrung gezeigt hat, bei den chemischen Vorgängen Wärme entwickelt. Solche Reaktionen heißen exothermische Reaktionen und die bei ihnen entstehenden Verbindungen exothermische Verbindungen. Findet dagegen bei einem chemischen Vorgang, was seltener vorkommt, eine Wärmeaufnahme statt, so handelt es sich um eine endothermische Reaktion, und die dabei entstehenden Produkte werden endothermische Verbindungen genannt. Neutralisiert man nun verschiedene starke Säuren und Basen miteinander, so ergibt sich in allen Fällen die gleiche Wärmetönung, was darauf deutet, daß in allen Fällen auch stets der gleiche Stoff, dem diese Bildungswärme zukommt, entsteht, nämlich Wasser. Das Anion der Säure und das Kation der Base bleiben zunächst an dem Vorgang gänzlich unbeteiligt in Lösung und vereinigen sich erst zum Salz, wenn das Lösungsmittel durch Verdampfen verjagt wird. Nur wenn das Salz unlöslich in Wasser ist, vereinigen sich die Ionen, aus denen es sich bildet, sofort miteinander, und es scheidet sich als Niederschlag aus der Lösung aus.

Ein Salz entstand auch bei der Darstellung des Wasserstoffs aus Zink und Salzsäure (S. 23). Den Wasserstoffionen der Salzsäure wurde durch das Zink, an dem elektrische Ladungen besser haften als am Wasserstoff oder das eine größere Elektroaffinität besitzt, die Ladung entzogen, wodurch der Wasserstoff gasförmig abgeschieden wurde und entwich. In der Lösung befanden sich Chlorionen und Zinkionen, die beim Abdampfen zu dem Salz Chlorzink oder Zinkchlorid zusammentreten. Mit Symbolen und in Form einer Gleichung geschrieben, stellt sich der Vorgang folgendermaßen dar:

$$2\,H^{\cdot} + 2\,Cl' + Zn = Zn^{\cdot\cdot} + 2\,Cl' + H_2$$

Rein formal betrachtet, kann man ein Salz von einer Säure dadurch ableiten, daß man an Stelle des ionisierbaren Wasserstoffatoms in der Formel der Säure ein gleichwertiges Metallatom schreibt. Das Natriumchlorid leitet sich z. B. von der Formel der Salzsäure HCl ab durch den Ersatz von H

durch Na, der die Formel NaCl liefert. Das Zink, das zweiwertig ist, also zwei Wasserstoffatome zu vertreten vermag,
kann in zwei Salzsäuremolekülen je ein Wasserstoffatom ersetzen und zwei Chloratome, die mit dem Wasserstoff gleichwertig, also einwertig sind, binden, so daß dem Chlorzink
oder Zinkchlorid die Formel $ZnCl_2$ zukommt.

In zwei- oder mehrbasischen Säuren können die Wasserstoffatome entweder vollständig oder nur teilweise ersetzt
werden. Ist der Ersatz vollständig, so ist das entstehende Salz
ein neutrales Salz. Wird der Wasserstoff nur unvollständig ersetzt, so enthält das Salz noch den für die Säure charakteristischen Bestandteil, den Wasserstoff, und ist demnach
ein saures Salz. Umgekehrt kann man auch von den Basen
Salze ableiten, wenn man in ihrer Formel die ionisierbare
Hydroxylgruppe durch das Säureanion ersetzt. Werden alle
Hydroxylgruppen ersetzt, so kommt man auch hier zum
neutralen Salz. Erfolgt aber der Ersatz nur teilweise, so enthält das Salz noch den charakteristischen Bestandteil der
Base, ist also ein basisches Salz. Ersetzt man in einer mehrbasischen Säure die Wasserstoffatome durch zwei oder mehr
verschiedene Metallatome, so entsteht ein gemischtes Salz.
Desgleichen entsteht auch ein gemischtes Salz, wenn in einer
mehrsäurigen Base die Hydroxylgruppen durch verschiedene
Säureanionen ersetzt werden.

IX. Wasserstoffsuperoxyd, Ozon, Allotropie.

Das Wasserstoffsuperoxyd ist eine Verbindung, die ebenfalls aus den Elementen Wasserstoff und Sauerstoff besteht,
aus denen das Wasser sich zusammensetzt. Es enthält aber
auf zwei Atome Wasserstoff auch zwei Atome Sauerstoff,
so daß seine Zusammensetzung durch die Formel H_2O_2 ausgedrückt wird. Es findet sich in kleinen Mengen in der Natur. Regen und Schnee enthalten in etwa 600 kg rund 0,1 g
Wasserstoffsuperoxyd. Ferner hat man es in den Säften
pflanzlicher und tierischer Organismen nachgewiesen. Zu

seiner Gewinnung im größeren Maßstab benutzt man das Bariumsuperoxyd, das wir gelegentlich der Sauerstoffgewinnung aus der Luft bereits kennengelernt haben. Das Bariumsuperoxyd wird nämlich durch kalte verdünnte Schwefelsäure zersetzt und liefert schwefelsaures Barium und Wasserstoffsuperoxyd. Schwefelsäure besteht aus Schwefel, Wasserstoff und Sauerstoff, und zwar setzt sich das Schwefelsäuremolekül aus zwei Atomen Wasserstoff, einem Atom Schwefel und vier Atomen Sauerstoff zusammen, so daß der Schwefelsäure die Formel H_2SO_4 zukommt. Die Umsetzung mit dem Bariumsuperoxyd kann daher durch folgende Gleichung ausgedrückt werden:

$$BaO_2 + H_2SO_4 = BaSO_4 + H_2O_2$$

Das Bariumsulfat ist schwerlöslich, es fällt als Niederschlag aus und kann durch Abfiltrieren beseitigt werden. Aus der verdünnten Lösung von Wasserstoffsuperoxyd, die so erhalten wird, gewinnt man das reine konzentrierte Präparat durch Destillation unter vermindertem Druck. Man pumpt zu diesem Zweck aus dem Destillationsapparat die Luft aus und erreicht damit, daß die Substanzen bei viel niederer Temperatur sieden als unter dem Druck der Atmosphäre. Das Verfahren der Vakuumdestillation, wie diese Arbeitsweise kurz genannt wird, kommt immer dann zur Anwendung, wenn Substanzen durch Destillation gereinigt werden sollen, die unter gewöhnlichen Bedingungen nicht unzersetzt sieden. Reines Wasserstoffsuperoxyd siedet bei einem Druck von 26 mm bei 69 ^{0} und erstarrt beim Abkühlen bei — 1,7 ^{0} zu schönen Kristallen. Im Handel ist eine 30%ige Lösung unter dem Namen Perhydrol. Das Präparat, das in der Apotheke unter der Bezeichnung Hydrogenium peroxydatum medicinale geführt wird, ist eine 3%ige wässerige Lösung von Wasserstoffsuperoxyd. Bei längerem Aufbewahren geht das Wasserstoffsuperoxyd allmählich unter Abgabe von Sauerstoff in Wasser über. Diese Zersetzung wird beschleunigt durch Sonnenlicht — daher Aufbewahrung in braunen Flaschen — und durch katalytisch wirkende Substanzen wie Braunstein und besonders fein verteiltes Platin. Auch Stoffe mit rauher Ober-

48

fläche, wie Glaspulver oder Kohleteilchen, können ähnlich
wirken und bei konzentriertem Wasserstoffsuperoxyd sogar
eine explosionsartige Zersetzung auslösen. Da das Wasserstoffsuperoxyd so leicht Sauerstoff abgibt, ist es ein gutes
Oxydationsmittel, d. h. man kann es benutzen, um anderen
Stoffen Sauerstoff zuzuführen. Infolge seiner oxydierenden
Wirkung wird es zum Bleichen oder Blondfärben von Haaren
benutzt, sowohl kosmetisch beim Menschen als auch in der
Pelzfärberei. In gleicher Weise werden Elfenbein, Straußenfedern, Rohseide und ähnliche Stoffe damit gebleicht. Auch
medizinisch wird es bei der Wundbehandlung und zu Spülungen verwendet, ebenso dient es als Gurgelwasser bei der
Bekämpfung infektiöser Halserkrankungen. Um seine Handhabung bei der Bereitung von Mundwasser und Gurgelwasser
zu erleichtern, hat man aus Wasserstoffsuperoxyd und Harnstoff feste Präparate hergestellt, die unter dem Namen Ortizon oder Perhydrit in den Handel gebracht werden. Gleichzeitig wird durch den Harnstoffzusatz die Zersetzlichkeit vermindert, so daß diese Präparate haltbarer sind als das reine
Wasserstoffsuperoxyd selbst. Die reinigende und vielleicht
auch desinfizierende Wirkung, die es ausübt, beruht wohl
hauptsächlich auf der lebhaften Zersetzung und Sauerstoffentwicklung, die einsetzen, wenn es mit Blut oder Speichel
zusammenkommt. In diesen Flüssigkeiten finden sich sogenante Katalasen, die ebenso wie die erwähnten Katalysatoren
den Zerfall des Wasserstoffsuperoxyds in Sauerstoff und
Wasser beschleunigen. Durch die Sauerstoffentwicklung bildet sich Schaum, der eine mechanische Reinigung bewirkt,
die durch die Oxydationswirkung des freiwerdenden Sauerstoffs noch unterstützt wird.

Merkwürdig ist, daß Wasserstoffsuperoxyd auch als Reduktionsmittel wirken, d. h. anderen Stoffen Sauerstoff entziehen und ihn selbst aufnehmen kann, wobei es wieder in
Wasser und Sauerstoff übergeht. Erklären läßt sich dieser
Vorgang am besten, wenn man, wie das jetzt meist geschieht,
das Wasserstoffsuperoxyd als ein Anlagerungsprodukt von
Wasserstoff an ein Sauerstoffmolekül auffaßt. Wirkt auf
dieses Anlagerungsprodukt ein Stoff, der Sauerstoff abgeben

kann, ein, so wird aus dem Anlagerungsprodukt der Wasserstoff unter Oxydation zu Wasser weggenommen und das Sauerstoffmolekül zurückgebildet, entsprechend dem Schema:

$$O{-}H \atop O{-}H \; + O = H_2O + {O \atop O}$$

Ozon, Allotropie. Wenn die Funken einer Elektrisiermaschine durch die Luft schlagen oder wenn eine Quecksilberdampflampe, wie man sie heute vielfach als künstliche Höhensonne benutzt, in Betrieb gesetzt wird, beobachtet man einen intensiven Geruch, der von einem Stoff hervorgerufen wird, der eben wegen dieser Eigenschaft des intensiven Geruchs Ozon genannt worden ist. Der Name ist nämlich von dem griechischen Wort ὄζων = riechend abgeleitet. Dieses Ozon bildet sich unter dem Einfluß der elektrischen Entladung oder der ultravioletten Strahlen, die von der Quecksilberdampflampe ausgehen, aus dem Sauerstoff der Luft. Die Umwandlung erfolgt unter diesen Umständen nur spurenweise. Um größere Mengen von Sauerstoff in Ozon überzuführen, läßt man dunkle elektrische Entladungen in einer

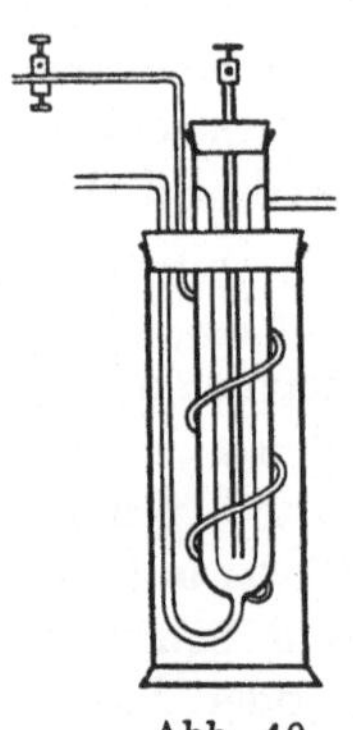

Abb. 10.
Ozonröhre.

Ozonröhre auf Sauerstoff einwirken. Ursprünglich verwendete man als Ozonröhren doppelwandige röhrenförmige Gefäße, die innen und außen mit Stanniol belegt waren und mit den Polen eines Induktionsapparates in Verbindung standen. Heute stellt man die Röhre (Abb. 10) in verdünnte Schwefelsäure und setzt in das innere Rohr einen Draht oder Metallstab, der an die Elektrizitätsquelle angeschlossen ist. Die Schwefelsäure, in die ein Draht eintaucht, der gleichfalls zur Elektrizitätsquelle führt, bildet dann die äußere Belegung. Zwischen ihr und dem Metallstab erfolgen jetzt die dunkeln elektrischen Entladungen durch den Sauerstoff hindurch, der zwischen den Wandungen der Röhre strömt. Durch Hintereinanderschalten mehrerer solcher Röhren kann der

Sauerstoff bis zu 15% in Ozon übergeführt werden. Wird der ozonhaltige Sauerstoff in ein dünnwandiges Kondensationsgefäß geleitet, das mit flüssiger Luft stark gekühlt wird, so entsteht zunächst eine hellblaue Flüssigkeit, aus der bei vorsichtiger Steigerung der Temperatur Sauerstoff weggeht, so daß schließlich reines Ozon als tiefdunkelblaue Flüssigkeit zurückbleibt, die beim raschen Erwärmen mit großer Heftigkeit explodiert. Das flüssige Ozon siedet bei -112^0; bei -251^0 erstarrt das Ozon zu einer schwarzen Masse mit violettblauem Glanz. Der Übergang des Sauerstoffs in Ozon kommt wahrscheinlich dadurch zustande, daß unter dem Einfluß der dunklen Entladung die Sauerstoffmoleküle, die aus zwei Atomen bestehen, gespalten werden in einzelne Atome, die sich dann zu Molekülen, die aus drei Atomen gebildet sind, zusammenlagern. Diese Annahme erklärt auch das Auftreten von Ozon bei allen Umsetzungen, bei denen sich Sauerstoff bei niederer Temperatur im atomaren Zustand bilden kann, z. B. bei der Zersetzung des Bariumsuperoxyds mit kalter konzentrierter Schwefelsäure. Auch durch Erhitzung des Sauerstoffs auf 2000^0 kann die Spaltung der Sauerstoffmoleküle und die Bildung des Ozons herbeigeführt werden. Das erhitzte Gas muß aber sofort schroff abgekühlt werden, da das Ozon sich bei den Temperaturen, die unter 2000^0 liegen, rasch zersetzt.

Die Frage, ob das Molekül des Ozons oder ein anderes Gasmolekül aus zwei oder drei Atomen besteht, kann entschieden werden durch die Bestimmung des Molekulargewichtes, das man bei Gasen leicht aus der Gasdichte ermitteln kann. Man wägt zu diesem Zweck ein bestimmtes Volum, etwa 1 Liter des fraglichen Gases, und dividiert das erhaltene Gewicht durch das Gewicht des gleichen Volumens Wasserstoff. Der Quotient, der angibt, wievielmal das untersuchte Gas schwerer ist als Wasserstoff, ist die Gasdichte. Da nach A v o g a d r o im gleichen Volum verschiedener Gase die gleiche Anzahl Moleküle enthalten ist, so besteht zwischen dem Gewicht der Moleküle auch dasselbe Verhältnis wie zwischen den Litergewichten. Da wir das Molekulargewicht des Wasserstoffs rund gleich 2 gesetzt haben, so ist das Molekulargewicht eines

Gases gleich der doppelten Gasdichte bezogen auf Wasserstoff.

Die Bestimmung war beim Ozon zunächst noch dadurch erschwert, daß man kein reines Ozon, sondern nur ozonhaltigen Sauerstoff untersuchen konnte. Man bestimmte daher von solchen Gemischen die Gasdichte und ermittelte dann den Gehalt an Ozon, indem man es durch Schütteln mit Terpentinöl, in dem es sich auflöst, entfernte und dann die Menge des zurückbleibenden Sauerstoffs maß. Aus diesen Daten ließ sich dann die Gasdichte des Ozons berechnen. In neuerer Zeit ist es gelungen, die Bestimmung mit reinem Ozon durchzuführen. Sie hat in Bestätigung der früher gefundenen Resultate ergeben, daß das Molekulargewicht des Ozons 48, d. h. anderthalbmal so groß als das des Sauerstoffs ist. Da das Atomgewicht des Sauerstoffs 16 ist, so muß also das Ozonmolekül aus drei Sauerstoffatomen bestehen. Das Ozon ist ein sehr starkes Oxydationsmittel. Wenn es oxydiert, geht es in gewöhnlichen Sauerstoff über, und ein Atom Sauerstoff wird abgespalten, das gerade als Atom besonders wirksam ist und sich leicht mit anderen Stoffen verbinden kann, weil es frei und nicht wie im Molekül mit einem anderen Sauerstoffatom verbunden ist. Das Ozon kann daher Oxydationswirkungen herbeiführen, die sich mit gewöhnlichem Sauerstoff nicht erreichen lassen. Man kann es daher neben dem Sauerstoff leicht nachweisen durch sein Verhalten gegen eine Lösung von Jodkalium. Jodkalium ist ein weißes Salz, das dem Kochsalz ähnlich sieht und aus den Elementen Kalium und Jod zusammengesetzt ist. Durch Sauerstoff wird eine Jodkaliumlösung beim Durchleiten nicht verändert. Leitet man aber ozonhaltigen Sauerstoff hindurch, so färbt sie sich braun, weil das Element Jod aus der Verbindung abgeschieden wird und sich mit brauner Farbe in dem überschüssigen Jodkalium löst. Noch empfindlicher kann der Nachweis gestaltet werden, wenn man der Jodkaliumlösung etwas Stärkelösung zusetzt. Jod gibt mit Stärke eine intensive Blaufärbung, an der noch die kleinsten Mengen Jod erkannt werden können. Bestimmter ist der Nachweis mit dem Arnoldschen Reagens. Dieses wird bereitet durch Tränken von Papier mit einer Lösung einer komplizierten organischen Verbindung, die den Namen Tetramethyl-diamino-diphenyl-methan führt. Dieses sogenannte Tetramethylbasenpapier färbt sich mit Ozon rotviolett. Der Nachweis ist sicherer als die Reaktion mit Jodkalium, da auch andere Oxydations-mittel, wie z. B. das Wasserstoffsuperoxyd, Jod aus Jod-kalium frei machen.

Beim Erwärmen zerfällt das Ozon, das bei gewöhnlicher Temperatur sich sehr langsam umwandelt, schnell in gewöhnlichen Sauerstoff; bei reinem Ozon geht dieser Zerfall sogar unter Explosion vor sich. Bei gewöhnlicher Temperatur kann die Umwandlung durch katalytische Wirkung beschleunigt werden. Verschiedene Metalloxyde, die Platin-metalle, wahrscheinlich sogar schon das Wasser, bringen das Ozon schnell zum Zerfall. Deshalb enthält auch das im Handel befindliche Ozonwasser in der Regel kein Ozon.

In der Praxis verwendet man das Ozon wegen seiner starken Oxydationswirkung als Bleichmittel für Öle, Fette, Zellstoff und dergleichen. Ferner dient es zur Sterilisierung des Trinkwassers. Es tötet fast alle Bakterien und es wird, abgesehen von Sauerstoff, der bei der Oxydation der Fremdstoffe aus dem Ozon entsteht, nichts in das Wasser hineingebracht.

In der Luft findet sich das Ozon in den oberen Schichten der Atmosphäre. Hier kann es sich aus dem Sauerstoff bilden, der unter dem ungeschwächten Einfluß der von der Sonne kommenden ultravioletten Strahlen steht. Durch abwärtsgehende Luftströmungen gelangt es auch in tiefere Schichten, in denen es aber namentlich in Gegenwart von Staub aller Art und Bakterien nicht lange erhalten bleibt. So hat man in der Höhe von 12 000 m über dem Meer einen Ozongehalt von 0,13 mg im Kubikmeter Luft gemessen, während in der Nähe der Erdoberfläche nur noch rund 0,0003 mg Ozon im Kubikmeter Luft enthalten sind. Die sogenannte „ozonreiche Luft" findet sich nur in den Prospekten von Bädern und Luftkurorten. In größeren Mengen eingeatmet, erzeugt das Ozon Atmungsbeschwerden, Nasenbluten, Übelkeit und Kopfschmerzen. Daher soll in Räumen, in denen zu medizinischen Zwecken Bestrahlungen vorgenommen werden, bei denen sich Ozon bildet, für ausgiebige Lüftung gesorgt werden.

Die Erscheinung, daß ein Element oder auch eine Verbindung in mehreren Formen auftritt, die ganz verschiedene Eigenschaften haben oder ganz anders geartet sind, bezeichnet man als Allotropie ($\check{\alpha}\lambda\lambda o\varsigma =$ anders, $\tau\varrho\acute{o}\pi o\varsigma =$ Art). Die Verschiedenheit der allotropen Modifikationen des gleichen Stoffs erklärt sich am einfachsten aus der Zusammensetzung der Moleküle. Entweder kann die Zahl der Atome, aus denen sich das Molekül zusammensetzt, verschieden sein, oder es kann bei gleicher Zahl ihre Anordnung oder ihre Lagerung zueinander Unterschiede zeigen. Hinsichtlich ihrer Existenzfähigkeit unterscheiden sich die einzelnen allotropen Modifikationen sehr stark voneinander. Bei manchen ist für die Umwandlung eine Zufuhr von Energie erforderlich, bei anderen geht sie, durch äußere Einwirkung eingeleitet, von selbst weiter, gelegentlich erfolgt sie sogar völlig freiwillig. Der selbsttätige Übergang einer Modifikation in die andere tritt nur dann ein, wenn bei der Umwandlung Energie, meist in Form von Wärme, frei wird. Die energiereichere Modifikation geht dann in die energieärmere über, die die beständigere ist. So kann sich Ozon in Sauerstoff umwandeln, da bei diesem Prozeß Wärme frei wird, dagegen geht Sauerstoff nicht freiwillig in Ozon über, da diese Umwandlung unter Aufnahme von Energie vor sich geht.

X. Die Halogene.

Die vier Elemente Fluor, Chlor, Brom und Jod faßt man zusammen unter dem gemeinsamen Namen Halogene, zu deutsch Salzbildner, weil sie die Eigenschaft haben, wenn sie mit Metallen zusammentreten, Verbindungen zu bilden, die Salze sind. Sie zeigen in ihrem ganzen chemischen Verhalten eine gewisse Ähnlichkeit miteinander. Alle vereinigen sich mehr oder weniger leicht mit Wasserstoff zu Verbindungen, die Säuren sind und mit dem gemeinsamen Namen Halogenwasserstoffsäuren bezeichnet werden. Ebenso sind sie, abgesehen vom Fluor, auch zu Verbindungen mit dem Sauerstoff befähigt. Das wichtigste der vier Halogene ist das Chlor.

Chlor.

Das Chlor hat seinen Namen bekommen von dem griechischen Wort $\chi\lambda\omega\varrho\acute{o}\varsigma$ = gelbgrün, weil es ein gelbgrün gefärbtes Gas ist, das einen sehr unangenehmen Geruch hat und die Atmungsorgane heftig reizt. Mit anderen Elementen, besonders mit den Metallen, verbindet es sich schon bei gewöhnlicher Temperatur, und auf viele Verbindungen wirkt es gleichfalls ein. Es findet sich daher auch nicht im freien Zustand in der Natur, ist aber in Verbindungen weit verbreitet. Das Kochsalz, mit dem wir uns schon mehrfach beschäftigt haben, ist eine Verbindung des Chlors mit dem Element Natrium. Aus dem Kochsalz können wir das Chlor frei machen, wenn wir durch geschmolzenes Kochsalz oder eine Kochsalzlösung den elektrischen Strom hindurchschicken. An den Elektroden scheiden sich Chlor und Natrium ab; letzteres kann, wenn man im Schmelzfluß Kochsalz elektrolysiert, ebenfalls gewonnen werden. Bei der Elektrolyse einer Kochsalzlösung zersetzt das abgeschiedene Natrium, wie wir wissen, das Wasser und gibt die Base Natronlauge. Auch aus der Salzsäure, die wir bereits kennengelernt haben, können wir Chlor darstellen. Salzsäure hat die Formel HCl. Um Chlor daraus zu erhalten, müssen wir ihr den Wasserstoff entziehen, d. h. die Salzsäure muß oxydiert werden. Diese Oxydation bewirkt man im großen durch den Sauerstoff der Luft, indem man gasförmigen Chlorwasserstoff mit Luft gemischt über glühende Tonscherben leitet, die mit Kupfersalz getränkt sind. Unter diesen Bedingungen verbindet sich der Luftsauerstoff mit dem Wasserstoff des Chlorwasserstoffs zu Wasser, und man erhält freies Chlor nach der Gleichung:

$$2\,\text{ClH} + \text{O} = \text{H}_2\text{O} + \text{Cl}_2$$

Das Kupfersalz wirkt dabei als Katalysator, der die Umsetzung, die sonst unendlich langsam verläuft, beschleunigt. Das Chlor, das man so erhält, ist nicht rein, da der den

Sauerstoff in der Luft begleitende Stickstoff dabei ist; um reines Chlor zu erhalten, wird man daher der Salzsäure den Sauerstoff in Form einer festen Verbindung, aus der er leicht herausgeht, zuführen. Man verwendet dazu den Braunstein. Das ist ein Mineral, das sich in der Erde findet, und das sich aus dem Metall Mangan und Sauerstoff zusammensetzt. Sein Molekül besteht aus einem Atom Mangan und zwei Atomen Sauerstoff, seine Formel ist also MnO_2. Da der Sauerstoff, wie wir aus der Formel des Wassers wissen, zweiwertig ist, so muß das Mangan, wenn es die beiden Sauerstoffatome bindet, in dieser Verbindung vierwertig sein. Erwärmen wir diesen Braunstein, der mit dem wissenschaftlichen Namen Mangansuperoxyd heißt, mit Salzsäure, so verbindet sich der Wasserstoff mit dem Sauerstoff zu Wasser, und es entsteht zunächst eine Verbindung, deren Molekül aus einem Atom Mangan und vier Atomen Chlor besteht, was wir durch die Gleichung:

$$MnO_2 + 4\,HCl = 2\,H_2O + MnCl_4$$

ausdrücken können. Nun kann das Manganatom zwar zwei Sauerstoffatome festhalten, es vermag aber nicht die vier Chloratome fest zu binden, und es gibt daher zwei von ihnen ab, so daß die zuerst entstandene Verbindung gleich wieder zerfällt und freies Chlor gibt nach der Gleichung:

$$MnCl_4 = MnCl_2 + Cl_2$$

Um Chlor darzustellen, füllt man daher einen Glaskolben zur Hälfte mit Braunsteinstückchen an und übergießt sie mit so viel Salzsäure, daß sie von der Flüssigkeit bedeckt sind. Den Kolben verschließt man mit einem durchbohrten Kork, durch den ein rechtwinklig gebogenes Glasrohr führt (Abb. 11). Da auf dem Boden des Kolbens hier feste Substanz liegt, kann man ihn nicht mit freier Flamme erhitzen, da er sonst leicht springt. Man setzt ihn daher in einen kleinen, mit Wasser gefüllten Eisentopf und erhitzt ihn im Wasserbad. Das Gas, das sich entwickelt, schickt man durch eine Waschflasche, die etwas Wasser enthält, um es von mitgerissenen Säuredämpfen zu befreien, fängt es aber nicht über Wasser auf, denn 4 Liter Wasser lösen 1 Liter Chlor auf, sondern man leitet das Gas einfach auf den Boden des Gefäßes, das man

füllen will. Da das Chlor zweieinhalbmal so schwer als Luft
ist, verdrängt es diese und füllt das Gefäß an.

Bei — 33,6 ⁰ geht das Chlor unter gewöhnlichem Druck in
eine grüngelbe Flüssigkeit über, und bei — 101 ⁰ erstarrt es
zu gelben Kristallen. Es kommt im flüssigen Zustand in eisernen Flaschen in den Handel. Trotzdem es Metall sehr leicht
angreift, kann es in eisernen Flaschen aufbewahrt werden,
wenn es völlig trocken ist. Wasser wirkt auf die Reaktion
zwischen Chlor und Eisen katalytisch: wenn daher kein Wasser zugegen ist, so ist die Geschwindigkeit der Reaktion zwi-

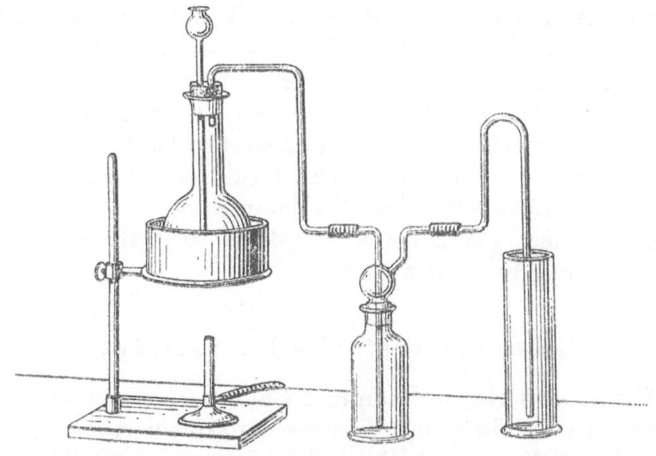

Abb. 11. Apparat zur Darstellung von Chlor.

schen Chlor und Eisen verschwindend klein. Die Lösung des
Chlors in Wasser, das Chlorwasser, zeigt alle Eigenschaften
des Chlors selbst und dient daher wie dieses in der Praxis als
Bleichmittel, da es viele Farbstoffe zerstört. Die bleichende
Wirkung beruht auch hier auf einer Oxydation, die dadurch
zustande kommt, daß das Chlor aus dem Wasser Wasserstoff
herausnimmt und dadurch den Sauerstoff verfügbar macht,
besonders unter dem Einfluß des Sonnenlichtes. Stellt man
eine mit Chlorwasser gefüllte Flasche mit der Mündung nach
unten in ein Gefäß, das etwas Chlorwasser enthält, so daß
das Wasser aus der Flasche nicht ausfließen kann, und bringt

das Ganze ins Sonnenlicht, so zeigt sich nach einigen Stunden, daß Wasser aus der Flasche verdrängt worden ist, und daß sich ein Gas gebildet hat, das man mit einem glimmenden Span als Sauerstoff nachweisen kann. Ebenso wie aus dem Wasser nimmt das Chlor auch aus organischen Verbindungen den Wasserstoff heraus, und zwar mitunter in sehr heftiger Reaktion. Aus Terpentinöl z. B., das aus Kohlenstoff und Wasserstoff besteht, wird durch Chlor der Wasserstoff so energisch weggenommen, daß es entflammt und Kohle abscheidet, wenn man einen Streifen Filtrierpapier, der damit benetzt ist, in einen mit Chlorgas gefüllten Zylinder eintaucht. Infolge dieser energischen Wirkung auf organische Stoffe vermag es auch Bakterien zu vernichten und kann deshalb als Desinfektionsmittel benutzt werden, allerdings nur da, wo keine anderen Dinge sind, die es angreifen kann. Gewöhnlich verwendet man zum Desinfizieren nicht das Chlor selbst, sondern den Chlorkalk, eine Verbindung, die entsteht, wenn Chlorgas über gelöschten Kalk geleitet wird, die wir später noch genauer betrachten werden.

Chlorwasserstoff oder Salzsäure.

Mischt man gleiche Raumteile Chlor und Wasserstoff und nähert das Gemisch einer Flamme, so explodiert es mit starkem Knall. Man nennt dieses Gemisch zum Unterschied von dem Knallgas, das aus Wasserstoff und Sauerstoff besteht, Chlorknallgas. Nicht nur durch Erhitzung explodiert das Chlorknallgas, sondern schon bei Belichtung mit Sonnenlicht oder mit dem Licht des verbrennenden Magnesiummetalls, das die Photographen als Ersatz für Tageslicht benutzen, weil es ebenso wie das Sonnenlicht reich an ultravioletten Strahlen ist. Das Produkt der Vereinigung von Chlor und Wasserstoff, die durch eine photochemische Wirkung herbeigeführt wird, ist der Chlorwasserstoff, ein stechend riechendes, farbloses Gas, das sich sehr leicht in Wasser auflöst, und dessen Lösung die Chlorwasserstoffsäure oder Salzsäure ist, die wir schon verschiedentlich benutzt haben, und die wir nun etwas näher kennenlernen wollen.

Den gasförmigen Chlorwasserstoff gewinnt man sowohl im Laboratorium wie in der Technik aus dem Kochsalz, indem man es mit Schwefelsäure zersetzt. Kochsalz ist das Natriumsalz der Salzsäure, denn es leitet sich von ihr durch Ersatz des Wasserstoffatoms durch ein Natriumatom ab. Nun kann man aber aus einem Salz die ihm zugrunde liegende Säure frei machen, wenn man es mit einer anderen Säure zersetzt. Schwefelsäure zersetzt das Kochsalz im Sinne der Gleichung

$$NaCl + H_2SO_4 = NaHSO_4 + HCl$$

und es entsteht Chlorwasserstoff und ein Salz, das wir, da es noch ein Wasserstoffatom enthält, als saures Natriumsulfat bezeichnen. Bei hoher Temperatur, die man in Glasgefäßen nicht erreichen kann, setzen sich zwei Moleküle Kochsalz mit einem Molekül Schwefelsäure um. Nach der Gleichung

$$2\,NaCl + H_2SO_4 = Na_2SO_4 + 2\,HCl$$

entsteht dann das neutrale Natriumsulfat, und man erhält zwei Moleküle Salzsäure. Aus dieser Beobachtung könnte man den Schluß ziehen, daß die Schwefelsäure die stärkere und die Salzsäure die schwächere Säure sei, da sie aus ihrem Salz ausgetrieben wird. Nun haben wir aber gesehen (Seite 44), daß die Stärke einer Säure bedingt wird durch den Grad ihrer Dissoziation, den wir durch die Messung des Leitvermögens ermitteln. Das Leitvermögen der Salzsäure ist aber viel größer als das der Schwefelsäure, somit ist also die Salzsäure die stärkere Säure, und man sollte erwarten, daß die Schwefelsäure von ihr ausgetrieben werden könnte. Dieser Fall tritt auch tatsächlich ein, wenn wir saures Natriumsulfat und kalte konzentrierte Salzsäure zusammenbringen. Dann zersetzt die Salzsäure einen Teil des Salzes, und in der Lösung sind saures Natriumsulfat, Salzsäure, Schwefelsäure und Kochsalz nebeneinander vorhanden. Erwärmt man aber dieses Gemisch, so geht die flüchtige Salzsäure weg, und es bleibt das saure Natriumsulfat zurück, wie wenn es gar keine Zersetzung erlitten hätte. Daraus ergibt sich, daß die Salzsäure ausgetrieben wird, weil sie leichter flüchtig ist als die Schwefelsäure, die infolge ihres hohen Siedepunktes von 338⁰ auch noch andere leichtflüchtige Säuren, die stärker sind als sie, auszutreiben vermag.

Zur Darstellung des Chlorwasserstoffs kann der gleiche Apparat dienen wie bei der Chlorbereitung. Der Kolben wird mit Kochsalz und Schwefelsäure beschickt, deren Mengen sich aus der Umsetzungsgleichung ergeben. Ein Grammolekül Kochsalz ist nach den Atomgewichten der Tabelle auf Seite 33 rund $23 + 35,5 = 58,5$ g, Schwefelsäure hat das Molekulargewicht 98, also ist das Grammolekül 98 g. Es brauchen also 58,5 g Kochsalz 98 g Schwefelsäure zur Umsetzung. Wenden wir beispielsweise 30 g Kochsalz an, so finden wir die zugehörige Schwefelsäuremenge nach dem Ansatz $58,5 : 98$ $= 30 : x$ oder $\dfrac{98 \cdot 30}{58,5}$. Die Schwefelsäure wird, ehe man sie zu dem Kochsalz gibt, durch Eingießen in die halbe Gewichtsmenge Wasser verdünnt, da die Reaktion sonst zu heftig verläuft. Erwärmt man das Reaktionsgemisch im Wasserbad, so entwickelt sich ein regelmäßiger Strom von Chlorwasserstoff. Will man das Gas in Wasser auflösen, so leitet man es in eine Flasche, in der sich Wasser befindet, läßt aber das Einleitungsrohr nicht in das Wasser eintauchen. Da der Chlorwasserstoff sich sehr leicht in Wasser löst, so wird das Gas vom Wasser viel rascher verschluckt oder absorbiert, als es vom Apparat her nachgeliefert werden könnte. Es entstände dann ein Unterdruck, und das Wasser würde durch den äußeren Luftdruck in den Kolben hineingetrieben. Die konzentrierte Salzsäure des Handels ist eine gesättigte Lösung von Chlorwasserstoff in Wasser, sie enthält 37% Chlorwasserstoff. Sie bildet Nebel an der Luft, wenn man die Flasche öffnet, da etwas Chlorwasserstoff aus ihr entweicht. Diese Nebelbildung beruht darauf, daß das Chlorwasserstoffgas sich in dem Wasser, das in der Luft als Wasserdampf vorhanden ist, auflöst. Dadurch wird aber, wie wir gesehen haben, der Dampfdruck des Wassers herabgesetzt, und es scheiden sich Tröpfchen von verdünnter Salzsäure, die sich verdichtet, aus der Luft als Nebel aus.

Durch Druck und durch Abkühlung kann Chlorwasserstoff verflüssigt werden. Der flüssige Chlorwasserstoff wirkt nicht auf Lackmuspapier und nicht auf Metalle, ebenso verhält sich eine Lösung des Gases in Chloroform. Erst bei Zutritt von

Wasser kommen die Reaktionen der Säure zutage, denn erst bei Gegenwart von Wasser erfolgt die Dissoziation in Wasserstoffionen und Chlorionen, die diese Reaktionen hervorrufen.

Bei der Zersetzung des Natriumchlorids haben wir eine neue Bildungsweise der Salze kennengelernt, nämlich die Zersetzung eines Salzes und Austreibung der ihm zugrunde liegenden Säure mit einer schwerer flüchtigen Säure. Eine weitere Art der Salzbildung können wir benutzen, um die Salzsäure in Lösungen nachzuweisen. Bringt man zu einer wässerigen Lösung von Chlorwasserstoff eine Lösung eines Silbersalzes, so scheidet sich sofort Chlorsilber ab, das schwerlösliche Silbersalz der Salzsäure. Die Salzsäure ist in wässeriger Lösung dissoziiert in Wasserstoffionen und Chlorionen. Die Silbersalze sind in der Lösung zerfallen in Silberionen und das Anion der betreffenden Säure. Treffen nun die Chlorionen und die Silberionen in der Lösung zusammen, so bildet sich aus ihnen Chlorsilber, weil das Salz in Wasser nicht löslich, also auch nicht dissoziiert ist, und der Niederschlag fällt aus. Dementsprechend wird nicht nur die Salzsäure von Silbersalzen gefällt, sondern auch alle Salze der Salzsäure, die Chloride, denn alle diese Salze zerfallen in wässeriger Lösung in das Anion der Salzsäure, das Chlorion, und in das betreffende Metallkation. Chlorhaltige Verbindungen, die keine Chlorionen in Lösung schicken, geben auch mit Silbersalzen keinen Niederschlag. Das chlorsaure Kalium, aus dem wir Sauerstoff entwickelten, gibt mit Silbersalz keinen Niederschlag, denn es zerfällt in Kaliumionen und in Chlorationen, ClO_3'. Es entsteht also kein freies Chlorion, sondern ein Ion, in dem das Chlor noch mit drei Sauerstoffionen verbunden ist. Solche Ionen nennt man komplexe Ionen. Sie haben ihre eigenen Reaktionen und zeigen nicht mehr die Reaktionen der Einzelionen, die in dem Komplex stecken. Zerstören wir das komplexe Chloration durch Glühen, wobei der Sauerstoff entweicht, so kann in der Lösung des Rückstandes das Chlorion mit Silbersalzlösung nachgewiesen werden. Wir können die Reaktion zwischen Salzsäure und ihren Salzen und Silbersalzlösung durch die Gleichung

$$Cl' + Ag^\cdot = AgCl$$

ausdrücken und somit sagen: Silberionen sind das Reagens
auf Chlorionen, und umgekehrt sind Chlorionen das Reagens
auf Silberionen.

Die Sauerstoffverbindungen des Chlors.

Während das Chlor mit dem Wasserstoff mit größter
Leichtigkeit sich verbindet, ist es bis jetzt noch nicht möglich
gewesen, eine direkte Vereinigung mit dem Sauerstoff herbei-
zuführen, und die Chlorsauerstoffverbindungen, die man auf
Umwegen erhalten hat, sind alle mehr oder weniger unbeständig und explosiv. Zum Teil sind sie Säureanhydride, d. h.
sie geben beim Zusammenbringen mit Wasser Säuren, von
denen die unterchlorige Säure, die Chlorsäure, und die Überchlorsäure die wichtigsten sind.

Die *unterchlorige Säure* entsteht bei der Einwirkung
von Chlor auf Wasser. Wie wir auf Seite 57 gesehen haben,
kann das Chlor das Wasser zersetzen, indem es Wasserstoff
herausnimmt. Diese Zersetzung geht wahrscheinlich in der
Weise vor sich, daß das Chlormolekül sich zunächst in zwei
Atome spaltet, von denen das eine mit einem Wasserstoffatom des Wassers Chlorwasserstoff bildet. Das andere vereinigt sich dann mit der übrigbleibenden Hydroxylgruppe zu
ClOH, der unterchlorigen Säure, die eine sehr schwache
Säure und daher fast gar nicht dissoziiert ist. Da aber die
unterchlorige Säure, die ein sehr kräftiges Oxydationsmittel
ist, Salzsäure gleich wieder zu Chlor oxydiert, so kann sich
bei dieser Reaktion nur sehr wenig unterchlorige Säure bilden.
Um größere Mengen davon zu erhalten, muß man die gleichzeitig entstehende Salzsäure unschädlich machen. Dies läßt
sich erreichen durch Quecksilberoxyd, das man im Wasser
aufschlämmt, denn die Salzsäure bildet mit diesem Oxyd eine
schwerlösliche Verbindung, die Quecksilberoxychlorid genannt
wird, während die unterchlorige Säure in der Lösung bleibt,
aus der sie unter vermindertem Druck abdestilliert werden
kann. Gewöhnlich verzichtet man aber auf die Darstellung
der freien Säure und leitet das Chlor in Natronlauge ein.
Natronlauge ist eine Auflösung des Natriumhydroxydes in

Wasser. Natriumhydroxyd ist die Hydroxylverbindung des Metalls Natrium, also eine Base, die mit Säuren Salze bildet. Sie wird also die beiden Säuren, die sich bei der Zersetzung des Wassers durch das Chlor bilden, neutralisieren, und es werden die Salze NaCl Chlornatrium und NaOCl unterchlorigsaures Natrium oder Natriumhypochlorit in der Lösung sein, entsprechend der Umsetzungsgleichung:

$$Cl_2 + HOH = HCl + ClOH;$$
$$HCl + ClOH + 2\,NaOH = NaCl + ClONa + 2\,H_2O$$

Das Natriumhypochlorit ist ebenso wie die freie unterchlorige Säure eine sehr wenig beständige Verbindung, da es sehr dazu neigt, unter Abgabe von Sauerstoff in Chlornatrium überzugehen. Es ist daher auch ein starkes Oxydationsmittel, wirkt infolgedessen ebenso wie das Chlor stark bleichend und es wird deshalb die Lösung als Bleichlauge bezeichnet. Besonders energisch wird die bleichende Wirkung, wenn man die Hypochloritlösung ansäuert, weil dann Chlor entsteht. Wird das Gemisch von Natriumhypochlorit und Kochsalz, das beim Einleiten von Chlor in Natronlauge entstand, angesäuert, so wird genau die gleiche Menge Chlor entwickelt, die in die Lauge eingeleitet worden war.

$$NaCl + NaOCl + H_2SO_4 = Na_2SO_4 + H_2O + Cl_2$$

Erhitzt man das Natriumhypochlorit oder leitet man Chlor in heiße Lauge ein, so bildet sich das Salz der *Chlorsäure*, das beständiger ist. Es empfiehlt sich dabei, die Natronlauge durch Kalilauge zu ersetzen, weil das chlorsaure Kalium in kaltem Wasser schwerer löslich ist und daher durch Auskristallisieren gewonnen werden kann. Das chlorsaure Kalium, dem die Formel $KClO_3$ zukommt, hat uns schon als Quelle für gasförmigen Sauerstoff gedient, als wir es mit dem Katalysator Braunstein zusammen erhitzten. Ebenso gibt es seinen Sauerstoff leicht an verbrennbare oder oxydierbare Stoffe ab. Gemische von chlorsaurem Kalium, das auch Kaliumchlorat genannt wird, und Schwefel oder Zucker verbrennen mit glänzender Flamme und explodieren durch einen Hammerschlag. Das Kaliumchlorat und die anderen Salze der Chlorsäure werden daher in der Feuerwerkerei und bei der Herstellung von

Sprengstoff verwendet. Die freie Chlorsäure $HClO_3$ kann man nicht wie den Chlorwasserstoff durch konzentrierte Schwefelsäure frei machen, da sie in konzentriertem Zustand unter Explosion zerfällt. Man zerlegt vielmehr zu ihrer Gewinnung das Bariumchlorat, das Salz des Metalls Barium, durch verdünnte Schwefelsäure. Ganz ähnlich wie bei der Zersetzung des Bariumsuperoxydes bei der Darstellung von Wasserstoffsuperoxyd wird auch hier das schwerlösliche Bariumsulfat gebildet, und es entsteht eine verdünnte wässerige Lösung der Chlorsäure, die man bis zu einem Gehalt von 40 % eindunsten kann; darüber hinaus zersetzt sie sich unter Abgabe von Sauerstoff und teilweisem Übergang in die beständigste der Chlorsäuren, die *Überchlorsäure* oder Perchlorsäure von der Formel $HClO_4$. Den gleichen Übergang kann man auch beim Kaliumchlorat herbeiführen, wenn man es ohne Katalysator mäßig erhitzt. Es schmilzt dann, und die anfänglich dünnflüssige Schmelze wird unter Abgabe von Sauerstoff zähflüssig und enthält neben Kaliumchlorid das Kaliumperchlorat, das nach der Gleichung

$$2\,KClO_3 = KClO_4 + KCl + O_2$$

entstanden ist. Die beiden Salze kann man leicht voneinander trennen, da das Kaliumchlorid sich leicht in Wasser löst, während das Kaliumperchlorat schwer löslich ist. Erwärmt man daher die erkaltete Schmelze mit wenig Wasser, man nennt diese Operation Auslaugen, so löst sich das Kaliumchlorid heraus und das Perchlorat bleibt zurück. Aus diesem Salz läßt sich die freie Überchlorsäure wieder durch Zersetzung mit Schwefelsäure gewinnen. Man muß nur das Abdestillieren unter vermindertem Druck vornehmen und darauf achten, daß die Dämpfe nicht mit organischen Stoffen in Berührung kommen, da diese sonst unter Explosion oxydiert werden. Die Überchlorsäure ist die stärkste Säure, die wir kennen, denn in wässeriger Lösung ist sie weit stärker ionisiert als alle anderen Säuren bei entsprechender Konzentration. Dagegen ist ihre Oxydationswirkung geringer als die der Chlorsäure und der unterchlorigen Säure, und sie kann nur durch energische Reduktionsmittel in Salzsäure übergeführt werden.

64

Bei den Formeln der Chlorsauerstoffsäuren zeigt es sich,
daß die auf Seite 34 erwähnte Eigenschaft der Wertigkeit
oder Valenz keine unveränderliche Eigenschaft des Atoms ist,
sondern daß sie auch abhängig ist von dem Element, gegen
das sie betätigt wird. Das Chloratom bindet nur ein Wasserstoffatom, es bindet auch nur ein Natriumatom, es ist gegen
Wasserstoff und Metalle einwertig. Wollte man aber an der
Einwertigkeit des Chloratoms auch bei der Formulierung der
Chlorsäuren festhalten, so käme man zu Formeln, die mit
dem Verhalten der Stoffe nicht in Einklang zu bringen sind.
Unter der Annahme des einwertigen Chloratoms würden sich
die Formeln der Chlorsäuren durch folgende Schemata darstellen:

Cl—O—H   Cl—O—O—O—H   Cl—O—O—O—O—H
Unterchlorige Säure   Chlorsäure   Überchlorsäure

Das widerspricht aber völlig dem Verhalten der Säuren. Die
unbeständige unterchlorige Säure wird durch die einfachste
Formel wiedergegeben, die eigentlich eine Verbindung von
hoher Beständigkeit erwarten läßt. Andererseits könnte man
aus dem langgestreckten Formelbild mit der leicht zerreißbaren Kette aus Sauerstoffatomen auf eine instabile, leicht
zerfallende Verbindung schließen, während die Überchlorsäure
gerade die beständigste der Chlorsäuren ist. Besser wird diesen Verhältnissen Rechnung getragen durch die Annahme
einer wechselnden oder variabeln Valenz. Danach kann das
Chlor gegen Sauerstoff bis zu sieben Valenzen betätigen, so
daß folgende Formelbilder zustande kommen:

$$\text{Cl—OH} \qquad \begin{array}{l} \text{Cl} = \text{O} \\ = \text{O} \\ \text{—OH} \end{array} \qquad \begin{array}{l} = \text{O} \\ \text{Cl} = \text{O} \\ = \text{O} \\ \text{—O—H} \end{array}$$

Unterchlorige Säure   Chlorsäure   Überchlorsäure

Solche Formeln, in denen versucht wird, die Anordnung der
Atome im Molekül anzudeuten, indem man die Bindungen
durch Striche ausdrückt, nennt man Strukturformeln oder
Konstitutionsformeln zum Unterschied von den Summenformeln, die nur Zahl und Art der Atome angeben, aus denen
das Molekül zusammengesetzt ist.

Brom.

Das Brom ist eine tiefdunkelrotbraune, fast schwarze Flüssigkeit, die bei 60° siedet, aber schon bei gewöhnlicher Temperatur einen braunroten Dampf gibt, der sehr unangenehm riecht, eine Eigenschaft, die dem Element seinen Namen nach dem griechischen Wort $\beta\varrho\tilde{\omega}\mu o\varsigma$ = Gestank verschafft hat. Da es ähnlich wie das Chlor auf viele Elemente und Verbindungen einwirkt, findet es sich nicht frei in der Natur, sondern in Form der Bromide, die oft als Begleiter der Chloride erscheinen, wie z. B. im Meerwasser. Einzelne Tiere des Meeres nehmen es in dieser Form auf und verarbeiten es in ihrem Organismus beim Bau komplizierter organischer Verbindungen. So ist der kostbare Purpur des Altertums, den man aus dem Saft der Purpurschnecken bereitete, eine Bromverbindung des Indigo. Sehr beträchtliche Mengen von Bromiden finden sich in den Abraumsalzen der Staßfurter Steinsalzlager. Hier haben sich beim Verdunsten des Zechsteinmeeres leicht lösliche Bromide und andere Salze abgeschieden, die man abräumen mußte, um zu dem Steinsalz zu kommen. Diese Abraumsalze waren früher wertlos, während sie heute das Ausgangsmaterial für viele technisch und wissenschaftlich wichtige Verbindungen bilden. Bei der Verarbeitung löst man die Abraumsalze in Wasser und scheidet durch Eindampfen einen großen Teil der gelösten Salze ab. Hierbei kristallisieren verschiedene Verbindungen aus. In der Lösung, der sogenannten Mutterlauge, finden sich dann die leichtlöslichen Salze, darunter die Bromverbindung des Magnesiummetalls, die man auf Brom verarbeiten kann. Man läßt zu diesem Zweck die Mutterlauge in Türmen, die mit Steinen oder Tonkugeln gefüllt sind, herabrieseln und schickt ihr von unten einen Chlorstrom entgegen. Den negativ geladenen Bromionen der Bromidlösung nimmt das Chlor, an dem negative Ladungen fester haften als am Brom, die Ladung weg und geht selbst in Chlorion über, während das Brom elementar abgeschieden wird. Es bleibt zunächst im Wasser gelöst und kann durch Destillation isoliert werden.

Eine andere Methode der Abscheidung des Broms aus der

Mutterlauge ist der Chlordarstellung analog. Man destilliert die Mutterlauge mit Braunstein und Schwefelsäure, wobei das Brom dampfförmig entweicht.

In Wasser löst es sich leichter als Chlor. Das Bromwasser enthält in 100 Gewichtsteilen 3,5 Gewichtsteile Brom und wird im Laboratorium als Oxydationsmittel viel verwendet. Leichter noch löst sich das Brom in organischen Lösungsmitteln wie Chloroform oder Schwefelkohlenstoff. In seinem chemischen Verhalten ähnelt es dem Chlor sehr stark. So verbindet es sich leicht mit Metallen zu Salzen. In der Technik wird es häufig als Ersatz für Chlor verwendet, da sich das flüssige Präparat leichter handhaben läßt als ein Gas. Seine Silberverbindung, das Bromsilber, ist wegen seiner Lichtempfindlichkeit bei der Herstellung photographischer Platten und Papiere unentbehrlich. Eine ganze Reihe von Bromverbindungen gehören, da sie beruhigend und schlafbringend wirken, dem Arzneischatz an, z. B. das Bromkalium, dann aber auch kompliziertere Verbindungen wie das Bromural, das Adalin und andere. Das freie Brom selbst wirkt stark ätzend auf die Haut und gibt tiefe schmerzhafte Wunden. Sofortiges Waschen der vom Brom getroffenen Hautstellen mit Petroleum ist das beste Gegenmittel gegen die leicht weiter fressende Ätzwirkung.

Die Vereinigung mit Wasserstoff erfolgt beim Brom wesentlich schwerer als beim Chlor. Durch Bestrahlung ist sie nicht zu erreichen, und bei hoher Temperatur geht sie nur unvollständig vor sich, da umgekehrt der Bromwasserstoff beim Erhitzen wieder zerfällt. Eine vollständige Verbindung des Wasserstoffs mit Bromdampf läßt sich nur dadurch erzielen, daß man das Gemisch über fein verteiltes Platin, das auf 200—300° erhitzt wird, leitet, wobei das Platin wieder als Katalysator wirkt. Die Methode der Chlorwasserstoffgewinnung durch Zersetzung eines Chlorids mit Schwefelsäure läßt sich auf den Bromwasserstoff nicht übertragen; zwar wird der Bromwasserstoff aus dem Bromid ausgetrieben, aber ein Teil davon wirkt sofort auf die Schwefelsäure ein, entzieht dieser Sauerstoff und geht dadurch in Brom über, so daß bei der Umsetzung ein Gemisch von Brom und Bromwasserstoff entsteht.

Der Bromwasserstoff löst sich in Wasser noch leichter als der Chlorwasserstoff. Die Lösung ist die Bromwasserstoffsäure, die bei ihrer weitgehenden Dissoziation der Salzsäure an Stärke fast gleichkommt. Im chemischen Verhalten ist sie der Salzsäure ebenfalls sehr ähnlich und bildet Salze, die den Chloriden analog sind. So ist das Bromsilber ebenso unlöslich wie das Chlorsilber und fällt ebenso wie dieses aus, wenn Bromionen und Silberionen in wässeriger Lösung zusammentreffen. Es unterscheidet sich vom Chlorsilber durch seine gelbliche Färbung.

Gießt man Brom unter Kühlung in Natronlauge, so vollzieht sich die gleiche Reaktion wie beim Einleiten von Chlor in Natronlauge. Es bildet sich das *Natriumhypobromit* oder unterbromigsaures Natrium. Dieses Salz, dem die Formel $NaOBr$ zukommt, gibt ebenfalls leicht Sauerstoff ab und wirkt deshalb kräftig oxydierend. Die Lösung von Brom oder Bromwasser in Natronlauge ist daher in der analytischen Chemie ein beliebtes Oxydationsmittel. Erhitzt man Lösungen von Natriumhypobromit, oder lassen wir Brom vorsichtig in heiße Natronlauge einfließen, so entsteht das Natriumsalz der *Bromsäure* $NaBrO_3$. Die freie Bromsäure kann ebenso wie die Chlorsäure durch Zersetzung des Bariumsalzes mit Schwefelsäure erhalten werden. Eine der Überchlorsäure entsprechende Überbromsäure ist nicht bekannt.

Jod.

Das Jod ist eine feste Substanz, die bei etwa 113^0 schmilzt und bei 184^0 in einen veilchenfarbenen Dampf übergeht, dem es seinen von dem griechischen Wort $ιοειδης$ = veilchenfarben abgeleiteten Namen verdankt. Bei der Abkühlung entsteht aus dem Dampf sofort festes Jod, das sich in Kristallen niederschlägt, ein Vorgang, den man als Sublimation bezeichnet. In der Natur findet sich das Jod ebenso wie die anderen Halogene auch nur in Verbindungen. Im Meerwasser finden sich neben den Chloriden und Bromiden nur verhältnismäßig kleine Mengen von Jodiden. Einige Algen und Tange nehmen nun das Jod aus dem Meerwasser auf und häufen es in Form

von Jodeiweißverbindungen in ihrem Organismus auf, so daß
sich die Aufarbeitung solcher Pflanzen auf freies Jod lohnt.
Durch Verbrennen solcher Meerpflanzen erhält man eine
Asche, die in der Normandie Varec, in Schottland Kelp genannt wird, aus der das Jod entweder durch Destillation mit
Braunstein und Schwefelsäure erhalten wird, oder aus der
man es durch Chlor in ähnlicher Weise abscheiden kann wie
das Brom aus den Staßfurter Mutterlaugen. Wesentlich größere Mengen Jod werden aber aus einem anderen Vorkommen
gewonnen, nämlich aus dem jodsauren Natrium, das dem
chlorsauren und bromsauren Natrium in seiner Zusammensetzung entspricht und durch die Formel $NaJO_3$ bezeichnet
wird. Dieses Salz findet sich als Verunreinigung des Chilesalpeters, der bekanntlich in größtem Maßstab für Düngemittel verarbeitet wird. Da das jodsaure Natrium ein Pflan-
zengift ist, wird der Chilesalpeter durch Umkristallisieren davon befreit, und aus den Mutterlaugen kann dann das Jod gewonnen werden. Man entzieht zu diesem Zweck dem jodsauren Salz durch Reduktionsmittel den Sauerstoff und führt
es in Jodid über, aus dem dann durch Braunstein und Schwefelsäure das Jod frei gemacht werden kann.

Die Löslichkeit des Jods in Wasser ist sehr gering, viel
kleiner als bei Chlor und Brom, dagegen löst es sich in einer
wässerigen Lösung von Kaliumjodid in beträchtlichen Mengen auf, weil sich aus einem Molekül Jodkalium KJ und
einem Molekül Jod, J_2, eine Anlagerungsverbindung, das
Kaliumsalz einer Jodjodwasserstoffsäure KJ_3, bildet. Ferner
löst sich Jod ziemlich leicht in organischen Lösungsmitteln
wie Alkohol oder Äther mit brauner, in Schwefelkohlenstoff
und Chloroform mit violetter Farbe. Eine 10 % ige Lösung
von Jod in Alkohol ist die Jodtinktur, die in der Apotheke
verkauft wird und die als Hautreizmittel oder auch als Desinfektionsmittel bei der Wundbehandlung viel verwendet wird.
Auch viele Verbindungen des Jods gehören dem Arzneischatz
an. Kleine Jodmengen finden sich auch in unserem Organismus in Form des Thyrojodins, das in der beim Kehlkopf
liegenden Schilddrüse enthalten ist, die bei Jodmangel wuchert
und Kropfbildung hervorruft. Zum Nachweis des Jods selbst

noch in aen allerkleinsten Mengen benutzt man eine Stärkelösung, die man in der Weise bereitet, daß man eine Messer-
spitze voll gewöhnlicher Kartoffelstärke, wie sie in der Küche
gebraucht wird, mit Wasser anrührt und sie dann in etwa
einen Viertelliter siedenden Wassers eingießt. Das Jod gibt
mit der Stärke eine intensiv blau gefärbte Verbindung, so daß
sich die Lösung tiefblau färbt. Beim Erhitzen verschwindet
in der Nähe des Siedepunktes des Wassers diese Färbung und
kehrt beim Erkalten wieder, da die blaue Verbindung in der
Hitze nicht beständig ist.

Mit Wasserstoff verbindet sich das Jod noch schwerer als
das Brom. Selbst mit einem Katalysator läßt sich der Jod-
dampf nur sehr unvollständig mit Wasserstoff vereinigen, weil
der Jodwasserstoff, der ebenso wie der Chlor- und Bromwasserstoff ein an der Luft rauchendes Gas ist, bei höherer
Temperatur leicht in Jod und Wasserstoff zerfällt. Jodkalium
und Schwefelsäure liefern auch nur kleine Mengen Jodwasserstoff, der stark mit Jod und den Zersetzungsprodukten der
Schwefelsäure verunreinigt ist, da der freiwerdende Jodwasserstoff die Schwefelsäure noch stärker angreift als der
Bromwasserstoff. Am besten erhält man ihn durch die Umsetzung einer später noch zu betrachtenden Verbindung des
Jods mit dem Phosphor. Die Jodwasserstoffsäure, eine Auflösung des Gases in Wasser, ist etwa ebenso stark wie die
beiden anderen Halogenwasserstoffsäuren, aber weniger beständig. Schon durch den Sauerstoff der Luft wird sie unter
Jodausscheidung oxydiert, so daß sie, obwohl von Natur
farblos, gewöhnlich braun aussieht infolge des ausgeschiede-
nen und in ihr gelösten Jods. Wegen dieser leichten Oxydier-
barkeit ist sie ein sehr gutes Reduktionsmittel und ein Reagens auf Oxydationsmittel, da man schon sehr kleine Mengen
oxydierender Stoffe durch die Jodausscheidung erkennt, zumal, wenn man durch Stärkezusatz die Wahrnehmung des
freiwerdenden Jods noch verschärft. Statt der Jodwasserstoffsäure selbst kann man für diese Reaktion auch eine ange-
säuerte Jodkaliumlösung verwenden, denn durch die Säure
kommen Wasserstoffionen in die Lösung, durch das Jodid
Jodionen, so daß in der angesäuerten Jodilösung die

gleichen Jonen sind wie in der Lösung der Jodwasserstoffsäure.

Auch die minimalsten Spuren von Chlor lassen sich mit einer jodkaliumhaltigen Stärkelösung nachweisen. Das Chlor nimmt ebenso wie dem Brom auch dem Jod die Ladung ab, und das ausgeschiedene Jod färbt die Stärkelösung blau, so daß Chlormengen, die durch den Geruch nicht mehr wahrnehmbar sind, mit dieser Reaktion erkannt werden. Ein besonders bequemes Reagens auf Oxydationsmittel ist das Jodkaliumstärkepapier, das sich blau färbt, wenn es mit oxydierenden Stoffen in Berührung kommt (vgl. Ozonnachweis). Man bereitet es, indem man Papierstreifen mit einer Stärkelösung, die etwas Jodkalium enthält, tränkt und sie dann an der Luft trocknen läßt.

Die Salze der Jodwasserstoffsäure, die Jodide, geben mit Silbersalzen einen gelben Niederschlag, da die Jodionen mit den Silberionen sich zu dem unlöslichen Jodsilber vereinigen.

$$J' + Ag\cdot = AgJ$$

Löst man Jod in Natronlauge, so entsteht zunächst das Natriumhypojodit oder das unterjodigsaure Natrium, das aber sehr schnell in das Salz der *Jodsäure*, das Natriumjodat, übergeht, das wir als Verunreinigung des Chilesalpeters und als Ausgangsmaterial für die Jodgewinnung kennengelernt haben. Eine Überjodsäure und Verbindungen des Jods mit dem Chlor sind ebenfalls bekannt, doch kann auf diese Stoffe hier nicht näher eingegangen werden.

Fluor.

Das Fluor fällt aus der Reihe der Halogene etwas heraus, denn seine Verbindungen, die Fluoride, unterscheiden sich von den anderen Halogeniden in ihren Eigenschaften in mancher Beziehung. So sind die Halogenwasserstoffe, die wir bisher kennengelernt haben, alle Gase, die sich erst weit unter 0^0 zur Flüssigkeit verdichten. Die Fluorwasserstoffsäure dagegen ist eine Flüssigkeit, die bei 19^0 siedet. Bestimmt man die Gasdichte der Halogenwasserstoffe, so findet man Werte, die für ein einfaches Molekulargewicht und für die Formeln HCl,

HBr und HJ sprechen, während sich für den Fluorwasserstoff die doppelte Formel, also H_2F_2, ergibt, wodurch der hohe Siedepunkt gerechtfertigt erscheint. Die anderen Halogenwasserstoffsäuren sind in ihren wässerigen Lösungen weitgehend dissoziiert, sind also starke Säuren. Die Leitfähigkeitsbestimmung bei der Fluorwasserstoffsäure zeigt, daß sie nur mäßig ionisiert, also auch nur eine mäßig starke Säure ist. Während die anderen Halogenwasserstoffsäuren schwerlösliche Silbersalze bilden, ist das Silbersalz der Fluorwasserstoffsäure leicht löslich. Umgekehrt sind die Halogenide des Metalls Kalzium leicht löslich, ja sogar zerfließlich, nur das Kalziumfluorid ist ein unlösliches Salz, das sich in der Natur findet und den Namen Flußspat führt, weil es niedrig schmilzt und deshalb bei metallurgischen Prozessen den Schlacken als Flußmittel zugesetzt wird. Es bildet im reinen Zustand wasserhelle Kristalle, meistens aber erscheinen diese durch geringe Verunreinigungen gefärbt, und zwar ist die Färbung manchmal im auffallenden und im durchfallenden Lichte verschieden, eine Erscheinung, die nach dem Fluorkalzium Fluoreszenz genannt worden ist.

Durch Zersetzung mit Schwefelsäure kann man aus dem Fluorkalzium die *Fluorwasserstoffsäure*, die auch Flußsäure genannt wird, austreiben. Die käufliche Flußsäure ist eine 40%ige Lösung von Fluorwasserstoff in Wasser. Ihre wichtigste Eigenschaft ist die Fähigkeit, Glas zu ätzen. Man macht davon Gebrauch, um Glasgeräten einen ornamentalen Schmuck zu verleihen oder auch, um Graduierungen und Einteilungen auf Gefäßen oder Röhren, die als Meßgeräte für analytische Zwecke dienen sollen, anzubringen. Das zu ätzende Glas wird mit einem Überzug aus Wachs oder Paraffin versehen, in den die Zeichnung oder die Markierung eingeritzt wird, worauf man es entweder der Einwirkung gasförmigen Fluorwasserstoffs aussetzt oder es mit wässeriger Flußsäure behandelt. Nach Beseitigung des Überzugs erscheinen dann die eingeätzten Linien, und zwar matt, wenn mit gasförmigem Fluorwasserstoff, durchsichtig, wenn mit wässeriger Flußsäure geätzt worden war. Zum Aufbewahren der Flußsäure benutzt man Flaschen aus Guttapercha oder aus Hartparaffin; verarbeitet wird sie in Blei- oder Platingefäßen, da sie diese beiden Metalle ebenso wie das Gold nicht angreift. Auf die Haut wirkt Flußsäure sehr heftig ätzend ein und erzeugt schwer heilende Wunden. Außer zur Glasätzung benutzt man die Flußsäure auch, um spanisches Rohr oder andere Rohrarten für die Herstellung weicher Rohrgeflechte vorzubereiten, da sie die Kieselsäure, eine Verbindung des noch zu betrachtenden Elementes Silizium, aus dem Holz ebenso herauslöst, wie sie sich bei der Ätzung des Glases mit dem darin enthaltenen Silizium verbindet. Schließlich hat man neuerdings gefunden, daß ein Zusatz von Flußsäure oder Natriumfluorid den Gärungsprozeß günstig beeinflußt. Die wilden Heferassen und Spaltpilze werden nämlich durch diesen Zusatz in ihrer Entwicklung gehemmt, ohne daß die Hefezellen geschädigt werden. Vielmehr gewöhnen diese sich an kleine Fluoridmengen, die Gärung verläuft einheitlicher, und der Alkohol ist reiner, da weniger Fuselöle gebildet werden. Als Antiseptika gegen holzzerstörende Pilze haben sich das Natriumsalz und das Zinksalz der Fluorwasserstoffsäure erwiesen, und schließlich hat sich gezeigt, daß die saueren Alkalifluoride $NaHF_2$ und KHF_2 zur Vertilgung von Küchenschaben und ähnlichem Ungeziefer geeignet sind.

Das freie Fluor ist ein gelbgrünes Gas, das sich nur sehr schwer darstellen läßt. Der Versuch, es durch Oxydation der Fluorwasserstoffsäure zu gewinnen, führt nicht zum Ziel, da der Wasserstoff mit solcher Energie gebunden ist, daß er nicht aboxydiert werden kann. Bei der Elektrolyse wässeriger Flußsäure wirkte das freiwerdende Fluor auf den Wasserstoff des Wassers, verband sich mit ihm, so daß Sauerstoff frei wurde, der sich teilweise in Ozon umlagerte. Erst als der französische Chemiker M o i s s a n von reinem, flüssigem Fluorwasserstoff ausging, der durch Zugabe von Kaliumfluorid leitend gemacht worden war, da er in wasserfreiem Zustand, weil undissoziiert, den Strom nicht leitet, gelang es, das Fluor zu isolieren. Es ist ein sehr reaktionsfähiges Element, das die anderen Halogene an Verbindungsfähigkeit noch übertrifft. Abgesehen von Gold und Platin verbindet es sich mit allen Metallen. Mit Wasserstoff vereinigt es sich schon im Dunkeln und bei den tiefsten Temperaturen, die uns erreichbar sind, unter Explosion. Mit den anderen Nichtmetallen reagiert es ebenfalls mehr oder weniger lebhaft, nur mit dem Sauerstoff hat sich bis jetzt eine Verbindung noch nicht herbeiführen lassen.

XI. Schwefel, Selen, Tellur.

Der Schwefel ist seit den ältesten Zeiten bekannt, da er sich nicht nur in Verbindungen, den Schwefelerzen, sondern auch frei in der Natur findet, und zwar besonders in vulkanischen Gegenden. So hatte Sizilien schon im Altertum eine bedeutende Schwefelproduktion, die in neuerer Zeit stark zurückgedrängt wird, da die Schwefellager in Louisiana und in Texas weit größere Schwefelmengen liefern können. In Sizilien hat man den Schwefel stets bergmännisch aubgebaut und das geförderte Material, das 10—40% Schwefel neben Muttergestein enthält, durch Ausschmelzen aufgearbeitet. Offene Schmelzöfen, „Calcaronen‟, wurden mit den schwefelhaltigen Gesteinsstücken so beschickt, daß zwischendurch Luftzüge vorhanden waren. Die Füllung wurde mit einer Schicht von bereits ausgeschmolzenem und zerkleinertem Gestein zur Regulierung des Luftzugs bedeckt. Der Schwefel wurde dann unten angezündet und die Verbrennung so reguliert, daß sie langsam von unten nach oben fortschreiten konnte. Dabei verbrannte nur ein Teil des Schwefels, und durch die entstehende Wärme wurde die Hauptmenge ausgeschmolzen. Jetzt wird der Schwefel gewöhnlich durch Erhitzen mit Wasserdampf ausgeschmolzen. In zylindrische, wagerecht liegende Öfen wird das Erz in Wagen mit durchlöchertem Boden eingefahren und mit überhitztem Wasserdampf erwärmt, wodurch der Schwefel schmilzt und vom Gestein abfließt. In Amerika, wo der Schwefel unter Schwimmsand lagert, treibt man drei ineinander steckende eiserne Röhren durch den Sand bis in das Schwefellager und leitet auf 175° erwärmten Dampf zu dem Schwefel, der dadurch geschmolzen wird; durch Druckluft befördert man dann den geschmolzenen Schwefel an die Erdoberfläche. Zur völligen Reinigung wird der Schwefel aus Retorten in große ausgemauerte Kammern destilliert. Wird die Kammer kalt gehalten, so schlägt sich der schroff abgekühlte Schwefeldampf in Form eines feinen Pulvers nieder, das als Schwefelblume in den Handel kommt. Kühlt sich der Dampf allmählich ab, so verflüssigt er sich. Der flüssige Schwefel wird in Formen gegossen und liefert den sogenannten Stangenschwefel.

Der Schwefel schmilzt beim Erhitzen bei 114^0 zu einer leichtbeweglichen gelben Flüssigkeit. Bei weiterem Erhitzen wird diese Flüssigkeit dunkel und zähflüssig, bei noch höherer Temperatur wieder dünnflüssig, bis bei 448^0 der Siedepunkt erreicht ist und ein braunroter Dampf entsteht. Schwefel existiert in mehreren Modifikationen, von denen zwei besonders bekannt sind, da ihr Umwandlungspunkt bei 95^0 liegt. Läßt man geschmolzenen Schwefel zur Hälfte erstarren und gießt dann den flüssig gebliebenen Anteil nach Durchbrechung der erstarrten oberen Schicht ab, so findet man den erstarrten Teil in Form von Nadeln kristallisiert, die oberhalb 95^0 beständig sind, unterhalb dieser Temperatur aber in die beständige, gewöhnlich vorkommende Modifikation übergehen, die in der Natur in oktaedrischen Kristallen vorkommt und auch in den gleichen Formen aus Lösungen von Schwefel in Schwefelkohlenstoff auskristallisiert. Gießt man hoch erhitzten Schwefel in kaltes Wasser, so erhält man eine knetbare elastische Masse, die erst nach einiger Zeit wieder hart und spröde wird.

Praktische Verwendung findet der Schwefel in der Gummifabrikation zum „Vulkanisieren" des Kautschuks. Um weichen Gummi zu erhalten knetet man 8—10% Schwefel mit dem Gummi zusammen, für Hartgummi sind 33% erforderlich, worauf auf 110—140% erhitzt wird. Der Verbrauch an Schwefel für die Pulverfabrikation ist sehr zurückgegangen, da das alte aus Kohle, Salpeter und Schwefel bestehende Schießpulver fast nur noch in der Feuerwerkerei verarbeitet wird. Beim Weinbau benutzt man den Schwefel als Schutzmittel gegen schädliche Mikroorganismen, die die Weinstöcke befallen, und bekämpft damit den Traubenpilz und den schwarzen Brand.

Bringt man ein Stückchen Schwefel in eine Flamme, so schmilzt es, entzündet sich und brennt mit schwacher blauer Flamme. Gleichzeitig macht sich ein stechender, zum Husten reizender Geruch bemerkbar, der auf das gasförmige Verbrennungsprodukt des Schwefels zurückzuführen ist. Bei der Verbrennung vereinigt sich der Schwefel mit dem Sauerstoff der Luft, und es entsteht eine Verbindung, die wir Schwefeldioxyd nennen, da sie auf ein Atom Schwefel zwei Atome Sauerstoff enthält. Die Verbrennung verläuft also nach der Gleichung:

$$S + O_2 = SO_2.$$

Lassen wir den Schwefel in einem kleinen Eisenlöffelchen innerhalb eines Glaskolbens verbrennen, und schütteln wir das entstandene Schwefeldioxyd im Kolben mit etwas Wasser, so beobachten wir, daß es sich auflöst und daß das Wasser saure Reaktion annimmt, d. h. daß es Lackmuspapier rot färbt. Aus dem Schwefeldioxyd ist also bei der Auflösung eine Säure geworden. Stoffe, die beim Zusammenkommen mit Wasser in Säuren übergehen, sind Säureanhydride; das Schwefeldioxyd ist also ein Säureanhydrid, und zwar das Anhydrid der schwefligen Säure, für die nach der Bildungsgleichung

$$SO_2 + H_2O = H_2SO_3$$

die Formel H_2SO_3 in Betracht käme. Diese Säure können wir zwar nicht isolieren, da sie bei allen dahinzielenden Versuchen wieder in Schwefeldioxyd und Wasser zerfällt, aber wir können ihre Formel auf folgende Art beweisen. Wir neutralisieren die Lösung mit Natronlauge und dampfen ein. Das zurückbleibende Salz wird analysiert. Aus der Analyse kann man die Zusammensetzung und die Formel berechnen und findet für das Salz der schwefligen Säure die Formel Na_2SO_3. Ersetzt man nun in dieser Formel die Natriumatome durch Wasserstoffatome, so kommt man zur Formel der freien Säure H_2SO_3. Von dem Gase sind ziemlich beträchtliche Mengen in Wasser löslich. 1 Liter Wasser nimmt bei 0°

80 Liter Schwefeldioxyd auf, das aber beim Sieden wieder
völlig entweicht.

Das Schwefeldioxyd brennt nicht und kann auch die Verbrennung nicht unterhalten. Schornsteinbrände, bei denen
der Ruß zu brennen oder zu glühen anfängt, können daher
gelöscht werden, wenn man Schwefel auf der Sohle des
Schornsteins abbrennt. Durch das Schwefeldioxyd wird dann
der Brand erstickt. Bei mäßiger Abkühlung, schon bei -8^0,
wird das Schwefeldioxyd flüssig, und im flüssigen Zustand
befindet es sich auch in den eisernen Flaschen, in denen es in
den Handel kommt. Die in der wässerigen Lösung des Schwe-
feldioxyds entstehende schweflige Säure kann, wie wir oben
gesehen haben, Salze bilden, und zwar, da sie eine zweibasische Säure ist, saure und neutrale Salze. So entsteht bei
der völligen Neutralisation mit Natronlauge das Natriumsulfit,
bei teilweiser das Natriumbisulfit. Eine konzentrierte Lösung
des letzteren Salzes liefert, wenn man sie durch Eintropfen
von Schwefelsäure zersetzt, leicht einen regelmäßigen Strom
von Schwefeldioxyd; man kann sie daher im Laboratorium
zur Darstellung dieses Gases verwenden, wenn keine Flasche
mit flüssigem Schwefeldioxyd zur Verfügung steht. Die
schweflige Säure nimmt ebenso wie ihre Salze leicht Sauerstoff auf und ist daher ein gutes Reduktionsmittel, dessen
Überschuß man durch Wegkochen leicht beseitigen kann.
Läßt man eine Lösung von schwefliger Säure einige Zeit an
der Luft stehen, so hat sie ihren Geruch verloren, da sie
durch Aufnahme von Sauerstoff in Schwefelsäure übergegangen ist. An manche organischen Verbindungen lagert sich die
schweflige Säure an und gibt mit ihnen Additionsverbindun-
gen, so daß mitunter aus gefärbten Verbindungen ungefärbte,
aus unlöslichen Stoffen lösliche entstehen, eine Erscheinung,
die eine vielfältige Verwendung der schwefligen Säure in der
Praxis mit sich bringt.

So werden Pflanzenfarbstoffe von der schwefligen Säure
gebleicht. Der Rotwein- oder Obstfleck verschwindet aus dem
Tischtuch, wenn man ihn mit einer Lösung von schwefliger
Säure betupft oder wenn man ihn angefeuchtet in den Dampf
von Schwefel bringt, der in einem kleinen Schälchen brennt,

und nachher gründlich auswäscht, damit die lösliche Additionsverbindung beseitigt wird, so daß der Fleck nach dem Abdunsten der schwefligen Säure nicht wiederkommen kann. Stroh, das zu Hüten oder anderen Geflechten verarbeitet werden soll, Wolle und Seide werden ebenfalls mit Schwefeldioxyd gebleicht, und diese Art der Bleiche ist der Chlorbleiche vorzuziehen, weil sie billiger ist und die Faser weniger angreift. Bei der Papierfabrikation wird das Holz mit Bisulfitlauge behandelt. Dabei wird das Lignin, eine Verbindung, die die Härte und Festigkeit des Holzes bedingt, in lösliche Verbindungen übergeführt und herausgelöst, so daß die zur Papierfabrikation brauchbare Zellulose zurückbleibt. Für den Pflanzenwuchs ist Schwefeldioxyd sehr schädlich. Deshalb darf in Hüttenwerken das Schwefeldioxyd, das beim Verarbeiten von Schwefelerzen als Abgas entsteht, nicht durch den Schornstein in die Luft geleitet werden, sondern man muß es auffangen und auf Schwefelsäure verarbeiten. Zimmerpflanzen pflegen sich in Räumen, in denen Leuchtgas gebrannt wird, meist nicht gut zu halten, da das Leuchtgas gewöhnlich, wenn auch kleine Mengen, schwefelhaltiger Verbindungen enthält, die beim Verbrennen Schwefeldioxyd liefern. Da auch Schimmel und andere derartige Pilze durch Schwefeldioxyd geschädigt werden, so kann man Kellerräume, an deren Wänden Schimmel wächst, davon befreien, wenn man einige Pfund Schwefel in ihnen abbrennt und das entstandene Schwefeldioxyd einige Zeit darin beläßt. Ebenso schwefelt man Weinfässer und Einmachgläser, um den Inhalt vor dem Verderben durch Spaltpilze zu schützen. Um Ansteckungskeime und unangenehme Gerüche zu beseitigen, hat man schon in den ältesten Zeiten Krankenzimmer und Wohnräume mit Schwefel ausgeräuchert. So wird uns in der Odyssee berichtet, daß der heimkehrende Odysseus, nachdem er die Freier getötet hat, sich „fluchabwendenden Schwefel“ bringen läßt, den er im Saal seines Palastes abbrennt, um ihn zu reinigen.

Wie wir gesehen haben, geht schweflige Säure durch Oxydation an der Luft in Schwefelsäure über. Dieser Vorgang, der die Grundlage eines ungeheuer wichtigen technischen

Prozesses ist, verläuft unbeeinflußt sehr langsam, er kann aber auf verschiedene Weise beschleunigt werden. Nach einem älteren Verfahren, dem sogenannten Bleikammerverfahren, das hier nur in großen Zügen angedeutet werden kann, leitet man Schwefeldioxyd, das durch Verbrennen von Schwefelkies, einer in der Natur vorkommenden Verbindung von Schwefel mit Eisen, entsteht, mit einem Überschuß von Luft in große Kammern. Die Wände dieser Kammern sind mit Bleiplatten belegt, die von der sich bildenden Schwefelsäure sehr wenig angegriffen werden. Gleichzeitig wird in die Kammern Wasserdampf eingeblasen und es werden Dämpfe von Salpetersäure eingeführt, die leicht zerfallende Stickstoffsauerstoffverbindungen enthalten. Diese oxydieren das Schwefeldioxyd in Gegenwart des Wassers zu Schwefelsäure und bilden sich mit dem Sauerstoff der überschüssigen Luft wieder zurück, so daß mit relativ kleinen Mengen Salpetersäure beträchtliche Mengen Schwefelsäure erzeugt werden können. So entsteht die sogenannte Kammersäure, die infolge des eingeleiteten Wasserdampfs etwa 35% Wasser enthält, das sich aber durch Eindampfen bis auf wenige Prozente beseitigen läßt. Zum Eindampfen benutzt man zunächst Bleipfannen, dann aber, wenn die Säure so konzentriert geworden ist, daß sie Blei stark angreift, Schalen aus Quarzglas oder aus Gußeisen, das durch Zusatz von viel Silizium besonders widerstandsfähig gemacht wird.

Tritt Schwefeldioxyd ohne Wasser mit Sauerstoff zusammen, so entsteht Schwefeltrioxyd, SO_3, das Anhydrid der Schwefelsäure. Diese Reaktion wird katalytisch beschleunigt durch Platin, das auf Asbest in feinverteilter Form niedergeschlagen ist. Dieser Katalysator wird auf etwa 400° erhitzt, und dann wird ein Gemisch aus Schwefeldioxyd und Luft, wie es auch beim Bleikammerverfahren verwendet wird, darübergeleitet. Das Schwefelsäureanhydrid, das zunächst gasförmig ist, beim Abkühlen aber flüssig und dann fest wird, kann in Wasser oder noch besser in mäßig konzentrierter Schwefelsäure aufgefangen werden, wobei es zu Schwefelsäure H_2SO_4 wird, so daß man Schwefelsäure von beliebiger Konzentration herstellen kann. Aus einer Schwefelsäure, die überschüssiges Anhydrid gelöst enthält, entweicht es an die

Luft und bildet, da es sehr begierig Wasser anzieht, dichte Nebel, weshalb die anhydridhaltige Schwefelsäure rauchende Schwefelsäure genannt wird.

Die Schwefelsäure ist eine zweibasische Säure, die saure und neutrale Salze — Sulfate — bilden kann. Sie ist in reinem Zustand wasserhell und fließt ölig. Ihr spezifisches Gewicht ist 1,84, d. h. 1 ccm wiegt 1,84 g. Mit Wasser vermischt sie sich unter starker Wärmeentwicklung. Man darf deshalb beim Verdünnen der Säure niemals Wasser zur Säure gießen, sondern die Säure muß unter energischem Rühren in das Wasser eingegossen werden. Infolge des Bestrebens, Wasser anzuziehen, wird sie zum Trocknen von Gasen benutzt, indem man diese einfach durch eine mit Schwefelsäure gefüllte Waschflasche hindurchleitet. Aus organischen Stoffen, die Kohlenstoff, Wasserstoff und Sauerstoff enthalten, wie Holz oder Zucker, nimmt sie Sauerstoff und Wasserstoff in Form von Wasser heraus und verkohlt sie. Mit Metallen, die Wasserstoffionen entladen können, entwickelt die verdünnte Säure Wasserstoff. Auf Metalle, die Wasserstoffionen nicht entladen, wie z. B. Kupfer, wirkt die verdünnte Säure nicht ein. Die konzentrierte Säure dagegen wird beim Erhitzen mit Kupfer reduziert und liefert Schwefeldioxyd nach folgenden Gleichungen:

$$H_2SO_4 + Cu = CuO + H_2SO_3, \quad H_2SO_3 = H_2O + SO_2,$$
$$CuO + H_2SO_4 = CuSO_4 + H_2O$$

Die Schwefelsäure ist eine schwächere Säure als die Halogenwasserstoffsäuren, d. h. sie ist in ihren Lösungen nicht so weitgehend dissoziiert als diese. Wie alle mehrbasischen Säuren zerfällt sie stufenweise zunächst in Ionen $H^{\cdot}$ und HSO_4' und dann bei weiterer Verdünnung entstehen die SO_4-Ionen, die natürlich auch bei der Dissoziation der Sulfate in die Lösung gesandt werden. Da das Element Barium mit der Schwefelsäure ein sehr schwerlösliches Salz bildet, das Bariumsulfat, so treten Sulfationen und Bariumionen in der Lösung zusammen, und es fällt ein Niederschlag aus. Bariumionen sind also ein Reagens auf Sulfationen nach der Gleichung:

$$Ba^{\cdot\cdot} + SO_4'' = BaSO_4$$

Der Niederschlag ist besonders ausgezeichnet durch seine große Schwerlöslichkeit in Wasser, so daß noch sehr kleine Sulfatmengen mit Bariumsalzlösung nachgewiesen werden können. Außerdem ist er auch in Säuren unlöslich. Die Sulfitionen, SO_3'', die die schweflige Säure ebenfalls in stufenweiser Dissoziation liefert, werden durch Bariumionen gleichfalls gefällt, aber das Bariumsulfit, $BaSO_3$, ist zum Unterschied vom Sulfat in Säuren löslich.

Die Schwefelsäure wird in der Technik in großen Mengen gebraucht bei der Darstellung anderer leichter flüchtiger Säuren, die sie infolge ihrer eigenen Schwerflüchtigkeit aus den Salzen austreiben kann. Die Farbstoffindustrie verarbeitet Schwefelsäure bei der Herstellung der wichtigen Sulfosäuren, in der Sprengstoffindustrie kommt sie bei der Herstellung von Schießbaumwolle, Nitroglyzerin und anderen Sprengstoffen zur Verwendung. Die Akkumulatoren, in denen man elektrische Energie speichert, werden mit einer 20%igen Schwefelsäure gefüllt.

Schon vor mehr als 130 Jahren hat man beobachtet, daß sich in einer wässerigen Lösung von schwefliger Säure Zink ohne Wasserstoffentwicklung auflöst. Der Wasserstoff wird nämlich verbraucht, um der schwefligen Säure Sauerstoff zu entziehen und aus ihr eine sauerstoffärmere Säure zu machen, deren Natriumsalz vor 55 Jahren von Schützenberger isoliert, aber falsch formuliert wurde. Vor etwa 25 Jahren erst erkannte Bernthsen, daß diesem Salz die Formel $Na_2S_2O_4$ zukomme, und daß es das Salz einer frei nicht existenzfähigen *unterschwefligen Säure* sei, mit dem sich infolge seiner sehr starken Aufnahmefähigkeit für Sauerstoff kräftige Reduktionswirkungen erzielen lassen. Heute ist das unterschwefligsaure Natrium oder Natriumhyposulfit, mit dem man so lange nichts anzufangen wußte, ein sehr geschätzter Handelsartikel, der in großen Quantitäten in der Farbstoffindustrie verbraucht wird. Es hat sich nämlich gezeigt, daß organische Farbstoffe, wie Indigo, Indanthren und andere, die in Wasser unlöslich sind, durch das Natriumhyposulfit in lösliche Reduktionsprodukte übergeführt werden, die auf der Faser, die mit ihnen getränkt ist, durch Oxydation an der Luft den Farbstoff zurückbilden, der nun ganz unlöslich mit der Faser verbunden ist, so daß mit diesem Verfahren, der Küpenfärberei, Färbungen von ganz besonderer Waschechtheit erzeugt werden können. Andererseits läßt sich auf einem einheitlich ausgefärbten Gewebe durch Aufdruck von Pasten aus Natriumhyposulfit der Farbstoff an den bedruckten Stellen löslich machen, so daß er ausgewaschen werden kann, und dieses Verfahren, der sogenannte Ätzdruck, liefert somit weiße Muster auf dem gefärbten Untergrund.

Werden Lösungen des neutralen Natriumsalzes der schwefligen Säure, des Natriumsulfits, mit Schwefel gekocht, so wird ein Atom Schwefel in das Natriumsulfitmolekül aufgenommen, und es entsteht aus Na_2SO_3 das Salz $Na_2S_2O_3$, das sich von der Säure $H_2S_2O_3$ ableitet. Diese Säure ist frei nicht beständig, sie zerfällt in schweflige Säure, und der beim Kochen des Sulfits aufgenommene Schwefel wird wieder abgegeben. Da man die Formel dieser Säure von der Formel der Schwefelsäure ableiten kann, indem man ein Sauerstoffatom durch ein Schwefelatom ersetzt, hat sie den Namen *Thioschwefelsäure*, nach dem griechischen Wort $\vartheta\varepsilon\tilde{\iota}ov =$ Schwefel, erhalten, und ihre Salze heißen demgemäß Thiosulfate oder thioschwefelsaure Salze. Das wichtigste von diesen ist das Natriumthiosulfat. Da es von Chlor leicht unter Bildung von Natriumsulfat oxydiert wird, wobei das Chlor in Salzsäure übergeht, wird es benutzt, um bei chlorgebleichten Geweben das der Faser noch anhaftende Chlor zu beseitigen und einer nachträglichen Schädigung des Gewebes vorzubeugen. Man hat ihm deshalb auch die Bezeichnung Antichlor beigelegt. Auch unter dem Namen Fixiersalz ist es bekannt, da es in der Photographie dazu dient, das unveränderte, noch lichtempfindliche Halogensilber nach dem Entwickeln aus der Platte zu entfernen und sie so zu fixieren. Es bilden sich bei dem Fixierprozeß mit dem Natriumthiosulfat lösliche Silberverbindungen, die beim Silber noch zu betrachten sein werden.

Von der *Überschwefelsäure* $H_2S_2O_8$ sei nur erwähnt, daß sie bei der Elektrolyse konzentrierterer Lösungen von Schwefelsäure oder Sulfaten entsteht, indem zwei SO_4H-Ionen zusammentreten, wenn sie an der Anode abgeschieden werden. Die Säure kann auch vom Wasserstoffsuperoxyd durch Ersatz der beiden Wasserstoffatome durch die Gruppe SO_3H abgeleitet werden, wodurch ihre oxydierende Wirkung erklärt wird.

Mit Wasserstoff vereinigt sich Schwefel zu einer Verbindung, dem Schwefelwasserstoff H_2S, wenn man ein Gemisch von Wasserstoffgas und Schwefeldampf über erhitzten Bimsstein oder ähnliche poröse Stoffe leitet. Er ist besonders ausgezeichnet durch den unangenehmen Geruch, den wir auch an faulen Eiern beobachten, da durch Fäulnis von Eiweißstoffen, die Schwefel enthalten, ebenfalls Schwefelwasserstoff entsteht. In einer ganzen Reihe von Heilquellen findet sich Schwefelwasserstoff, der aus einer Kalziumverbindung der Schwefelsäure, dem Kalziumsulfat oder Gips, $CaSO_4$, stammt, dem durch Bakterien der Sauerstoff entzogen wird, so daß es bis zum Kalziumsulfid, CaS, reduziert wird. Aus diesem kann dann durch Kohlensäure, die im Wasser gelöst ist, Schwefelwasserstoff freigemacht werden.

Zur Darstellung des Schwefelwasserstoffs geht man von dem Schwefeleisen aus, das man durch Zusammenschmelzen von Schwefel und Eisen erhält. In einem Apparat, wie er zur Darstellung von Wasserstoff benutzt wurde, übergießt man Schwefeleisen mit Salzsäure und erhält nach der Gleichung

$$FeS + 2\,HCl = FeCl_2 + H_2S$$

das Schwefelwasserstoffgas. Das Gas ist brennbar wie seine beiden Bestandteile und verbrennt zu Schwefeldioxyd und Wasser. Es ist giftig und kann in größeren Mengen eingeatmet tödlich wirken. In Wasser ist es löslich, 1 Liter Wasser nimmt bei 0^0 etwa $4^1/_2$ Liter Gas auf, die beim Erhitzen wieder vertrieben werden können. Der Schwefelwasserstoff ist eine Säure, die allerdings in ihrer Lösung nur in sehr bescheidenem Maße dissoziiert ist. Sie bildet saure und neutrale Salze, die basisch reagieren, d. h. Lackmuspapier bläuen, da sie hydrolytisch gespalten werden.

Die hydrolytische Spaltung oder Hydrolyse ist eine Erscheinung, die bei der Lösung von Salzen sich zeigt, die aus

einer schwachen Säure und einer starken Base oder auch
umgekehrt aus einer starken Säure und einer schwachen Base
sich zusammensetzen. Sie ist unabhängig von der elektrolytischen Spaltung, die bei allen Salzen auftritt. Wenn wir Natriumsulfid, Na_2S, in Wasser lösen, so entstehen durch elektrolytische Dissoziation Natriumionen und Sulfidionen. Da
aber der Schwefelwasserstoff eine schwache Säure ist, so sind
die Sulfidionen nicht beständig und suchen in die Ionen SH′
und wenn möglich in undissoziierten Schwefelwasserstoff überzugehen. Den Wasserstoff, den sie dazu brauchen, nehmen
sie aus dem Wasser, das spurenweise in Wasserstoffionen
und Hydroxylionen zerfallen ist. Dadurch wird aber das
Gleichgewicht zwischen den Ionen des Wassers gestört, und
wenn die Hydroxylionen überwiegen, so tritt die basische
Reaktion ein. Ist in einem Salz die Base schwach, so werden
zur Bildung der undissoziierten Base Hydroxylionen aus dem
Wasser herausgenommen, und die Reaktion wird sauer.

Sauerstoff in freiem und in gebundenem Zustand wirkt
leicht auf Schwefelwasserstoff ein und oxydiert ihn zu Schwefel und Wasser; auch mit den Halogenen setzt sich Schwefelwasserstoff um und liefert freien Schwefel, während der
Wasserstoff sich mit dem Halogen verbindet. Für die Jodwasserstoffsäure und auch für die Bromwasserstoffsäure ist
das Einleiten von Schwefelwasserstoff in eine Lösung oder
Suspension des Halogens in Wasser eine bequeme Darstellungsweise. Mit der Mehrzahl der Metalle bildet der Schwefelwasserstoff schwerlösliche Sulfide, wenn in der Lösung der
Metallsalze die Metallionen mit Sulfidionen zusammentreffen.
Ein Teil dieser Sulfide ist in Säuren unlöslich, so daß die
Fällung also auch bei Gegenwart mäßiger Säuremengen eintreten kann. Andere Sulfide werden durch Säure zersetzt, so
daß sie nur in alkalischer Lösung gefällt werden. In der
analytischen Chemie dient der Schwefelwasserstoff daher als
Gruppenreagens, d. h. man unterscheidet drei Gruppen von
Metallionen: solche, die mit Schwefelwasserstoff in saurer
Lösung ausfallen, solche, die in alkalischer Lösung gefällt
werden, und schließlich solche, die mit Schwefelwasserstoff
keinen Niederschlag geben.

84

Die beiden Elemente *Selen* und *Tellur* ähneln in ihrem chemischen Verhalten und in ihren Verbindungen dem Schwefel; sie sind auch untereinander ähnlich, und deshalb haben sie von dem griechischen Wort $\sigma\varepsilon\lambda\acute{\eta}\nu\eta$ = Mond und dem lateinischen tellus = Erde ihre Namen erhalten. Für das Tellur hat sich eine praktische Verwendung noch nicht gefunden. Das Selen, das wie der Schwefel in verschiedenen Modifikationen erscheint, ist in seiner metallischen Form ein ziemlich schlechter Leiter für den elektrischen Strom. Durch Belichtung bessert sich seine Leitfähigkeit. Durch eine Selenzelle, das ist eine Glasplatte, auf der eine dünne Selenschicht niedergeschlagen ist, kann daher eine Lichtwirkung einen elektrischen Stromkreis schließen und an anderer Stelle einen Alarmapparat in Tätigkeit setzen oder ein Glühlämpchen aufleuchten lassen. Das benutzt man bei der Bildübertragung in die Ferne und bei der Konstruktion von Vorrrichtungen, die zum Schutz gegen Einbruchsdiebstähle dienen sollen. Neuerdings verwendet man allerdings an Stelle der Selenzellen die leichter ansprechenden Alkalimetallzellen.

XII. Stickstoff, Luft, Edelgase.

Der Stickstoff bildet vier Fünftel der atmosphärischen Luft und kann, wie wir früher gesehen haben, daraus gewonnen werden, wenn wir den Sauerstoff wegnehmen. So blieb der Stickstoff zurück, als in einem abgesperrten Luftvolumen ein Stück Phosphor verbrannt wurde. Größere Mengen von Stickstoff kann man erhalten, wenn man Luft über Kupfer, das in einer Röhre zum Glühen erhitzt wird, hinüberleitet. Das Kupfer bindet den Sauerstoff zu Kupferoxyd, und der Stickstoff entweicht frei aus der Röhre.

Im elementaren Zustand ist der Stickstoff sehr wenig reaktionsfähig. Er brennt weder, noch kann er die Verbrennung unterhalten; ebensowenig können lebende Wesen in einer Stickstoffatmosphäre existieren, deshalb hat er, weil er alles erstickt, auch den Namen Stickstoff erhalten. Das Symbol N rührt von dem lateinischen Wort nitrogenium her, das Salpeterbildner bedeutet, weil der Stickstoff die Grundlage dieses Salzes bildet, das man früher kannte als ihn selbst. Daß der Stickstoff so reaktionsträge ist, erklärt sich durch die Festigkeit der Bindung zwischen den beiden Stickstoffatomen, die das Molekül bilden, denn im atomaren Zustand oder in Verbindungen ist er wesentlich leichter zur Reaktion zu bringen. Deshalb kann er sich auch bei hoher Temperatur mit manchen Metallen, z. B. mit dem Magnesium oder dem Kalzium und dem Lithium, zu Nitriden vereinigen.

Leitet man Stickstoff, der aus der Luft gewonnen ist, über glühendes Magnesium, das sich in einer Röhre befindet, so wird von dem Magnesium nicht alles gebunden, sondern es bleibt ein kleiner Gasrest übrig, das Argon und die Edelgase, die noch weniger reaktionsfähig sind als der Stickstoff, und von denen bis jetzt noch keine Verbindungen bekannt sind. Sie sind deshalb auch bei allen Analysen der Luft unbemerkt geblieben und dem Stickstoff zugerechnet worden, bis man bei einer physikalischen Untersuchung, bei der Bestimmung des Litergewichtes des Stickstoffs, zu ihrer Entdeckung geführt wurde. Es zeigte sich nämlich bei diesen Versuchen, daß der aus Luft gewonnene Stickstoff stets etwas schwerer war als der, den man auf rein chemischem Weg, etwa durch Zersetzung eines später noch zu betrachtenden Ammonsalzes erhielt. Da die Gewichtsdifferenz, die zur Entdeckung des Argons führte, erst in der dritten Stelle hinter dem Komma bei den Milligrammen bemerkbar wird, hat man das Argon auch als den Triumph der dritten Dezimale bezeichnet. Isoliert hat man es zuerst auf dem eben angedeuteten Wege. Später hat man es ebenso wie die anderen Edelgase Helium, Neon, Krypton, Xenon aus der verflüssigten Luft gewonnen. Eine praktische Bedeutung haben diese Bestandteile der Luft für uns nicht. Anders verhält es sich mit dem Stickstoff. Er ist eines der wichtigsten Elemente, aus denen sich die Substanz der lebenden Organismen zusammensetzt, denn er ist ein wesentlicher Bestandteil des Eiweißes und damit des Protoplasmas, der Grundsubstanz der lebenden Zelle. Allerdings können weder höhere Tiere noch Pflanzen Stickstoff

direkt aus der Luft aufnehmen. Nur einige Bakterienarten,
die im Boden hausen und sich an den Wurzeln von Lupinen
und anderen Schmetterlingsblütlern in Knöllchen anhäufen,
vermögen den Luftstickstoff in organische Verbindungen
überzuführen. Es läßt sich daher stickstoffarmer Boden
durch Bestellung mit solchen Pflanzen, die nach Beendigung
ihres Wachstums untergepflügt werden, sehr verbessern. Dieses Verfahren der Gründüngung ist das einzige, bei dem der
Stickstoff der Luft unmittelbar dem Boden zugeführt wird.
In allen anderen Fällen muß der Luftstickstoff erst unter ge-
waltigem Aufwand von Energie in Verbindungen übergeführt
werden, die zur Verwendung als Düngemittel geeignet sind.

Die wichtigste Verbindung des Stickstoffs mit Wasserstoff
ist das Ammoniak, dessen Molekül aus einem Atom Stickstoff und drei Wasserstoffatomen besteht und durch die
Formel NH_3 wiedergegeben wird. Die direkte Verbindung
der beiden Elemente ist bei der Trägheit des Stickstoffs nur
sehr schwer zu erreichen, und alle Mittel, die wir haben, um
Stoffe miteinander in Reaktion zu bringen, müssen dazu angewendet werden. So vereinigt sich Stickstoff mit Wasserstoff, wie Haber gefunden hat, bei einer Temperatur von
500 ⁰ bei einem Druck von 200 Atmosphären und in Berührung mit einem Katalysator. Zuerst verwendete man das seltene Metall Osmium, später eine Kohlenstoffverbindung des
Metalls Uran, heute wird poröses Eisen, dessen Wirksamkeit
noch durch Beimengungen von Kalium und Aluminium gesteigert wird, als Kontaktsubstanz bevorzugt. Das entstandene
Ammoniak wird entweder im flüssigen Zustand in eisernen
Flaschen in den Handel gebracht oder es wird in Wasser aufgelöst und durch Neutralisation mit Schwefelsäure in Ammonsulfat, ein geschätztes Düngemittel, übergeführt.

Die Löslichkeit des Ammoniaks in Wasser ist sehr be-
trächtlich; bei 0 ⁰ löst 1 Liter Wasser mehr als 1000 Liter
Ammoniakgas auf. Die Lösung des Ammoniaks reagiert basisch, muß also Hydroxylionen enthalten. Wir nehmen deshalb an, daß das Ammoniak ein Basenanhydrid ist, das sich
mit Wasser zu einer Base von der Zusammensetzung NH_4OH
vereinigt. Der Stickstoff, der im Ammoniak dreiwertig ist,

wird dabei fünfwertig, so daß ein Molekül Wasser angelagert werden kann, entsprechend dem Schema

$$N\overset{H}{\underset{H}{\overset{|}{\diagup}}}H + H_2O = N\overset{H}{\underset{\overset{H}{OH}}{\overset{H}{\diagup}}}H$$

Diese Base ist nur im freien Zustand in der Lösung beständig. Versucht man sie, etwa durch Eindampfen, zu isolieren, so zerfällt sie wieder in Ammoniak und Wasser, und es kann das Ammoniak durch Kochen oder Eindampfen vollständig aus der Lösung ausgetrieben werden. Die Formel der Base Ammoniumhydroxyd leiten wir aus der Zusammensetzung der Salze ab, die entstehen, wenn wir die Lösung mit einer Säure neutralisieren und durch Verdampfen das Lösungswasser verjagen. Sie enthalten alle die Gruppe NH_4, die auch in den Lösungen der Salze als Ion vorhanden ist. Eine solche Gruppe, die sich verhält wie ein Element, nennt man ein Radikal, und dieses in den Ammoniumsalzen enthaltene Radikal führt den Namen Ammonium. Das bekannteste dieser Salze, der sogenannte Salmiak, ist wahrscheinlich das zuerst dargestellte, und von ihm rührt vielleicht der Name aller her. Es soll nämlich von den Priestern in der Oase des Jupiter Ammon beim Verbrennen des Kamelmistes, der getrocknet als Heizmaterial diente, auf wahrscheinlich kochsalzhaltigem Boden ein weißes Salz beobachtet worden sein, das als sal ammoniacum bezeichnet wurde, woraus dann das Wort Salmiak geworden sein kann. Aus diesem Salz, das nach seiner Zusammensetzung die Formel NH_4Cl und die wissenschaftliche Bezeichnung Chlorammonium oder Ammoniumchlorid führt, sowie aus den anderen Ammonsalzen kann durch Erwärmen mit einer schwerer flüchtigen Base, z. B. Natronlauge, das Ammoniak frei gemacht werden, und daher hat es auch den Namen Salmiakgeist erhalten, den man nicht mit Recht auf die wässerige Lösung des Gases übertragen hat. Die Umsetzung, die das freie Ammoniak liefert, verläuft nach folgenden Gleichungen:

$$NH_4Cl + NaOH = NH_4OH + NaCl; \quad NH_4OH = NH_3 + H_2O.$$

Eine andere Quelle für Ammoniakgas ist das sogenannte Gaswasser, das bei der Leuchtgasfabrikation als Nebenprodukt entsteht. Beim Erhitzen der Steinkohle zum Zweck der Leuchtgasbereitung bildet sich nämlich aus den noch darin enthaltenen Stickstoffverbindungen und Wasserstoff Ammoniak, das durch Waschen mit Wasser aus dem Gas entfernt wird. Aus diesem Waschwasser, dem Gaswasser, kann das Ammoniak durch einfaches Erwärmen ausgetrieben werden.

Man kann das Ammoniak, abgesehen von seinem durchdringenden, intensiven Geruch, auch noch an dem dicken Rauch erkennen, der auftritt, wenn es mit einer flüchtigen Säure, etwa Chlorwasserstoffsäure, zusammentrifft, so daß man einen mit konzentrierter Salzsäure befeuchteten Glasstab als Reagens auf Ammoniak verwenden kann. Der Rauch entsteht dadurch, daß sich aus den beiden gasförmigen Stoffen ein festes Salz bildet, das Ammoniumchlorid; es lagern sich Ammoniak und Chlorwasserstoff aneinander an, indem auch hier der Stickstoff fünfwertig wird, gerade wie bei der Anlagerung von Wasser bei der Bildung der Base aus dem Anhydrid. Bei höherer Temperatur zeigt umgekehrt der Stickstoff Neigung, seine Wertigkeit wieder zu verringern. Es zerfällt infolgedessen das Chlorammonium beim trockenen Erhitzen wieder in Chlorwasserstoff und Ammoniak, die sich aber an den kälteren Stellen des Gefäßes wieder vereinigen, so daß der Eindruck einer Sublimation hervorgerufen wird. Ist die in dem Ammonsalz enthaltene Säure schwer flüchtig, so geht beim Erhitzen das Ammoniak fort und die Säure bleibt zurück.

Flüssiges Ammoniak wird zur Kälteerzeugung und Eisfabrikation benutzt, indem man es verdunsten läßt und die zur Verdunstung erforderliche Wärme konzentrierten Salzlösungen oder Wasser entzieht. Wasser kommt dabei zum Erstarren, die abgekühlten Salzlösungen, deren Gefrierpunkt stark herabgesetzt ist, können in Röhren durch die abzukühlenden Räume geleitet werden. Das verdunstende Ammoniak kann durch Druck wieder verflüssigt und so aufs neue verwendet werden.

Zwei weitere Verbindungen, die ebenfalls aus Stickstoff und

Wasserstoff bestehen, sind das Hydrazin, N_2H_4, und die Stickstoffwasserstoffsäure, N_3H. Die Säure ist im reinen Zustand eine höchst explosive Substanz; ebenso explodiert ein großer Teil ihrer Salze durch Schlag oder Stoß oder beim Erhitzen. Das Bleisalz wird daher neuerdings bei der Fabrikation von Zündhütchen und Sprengkapseln benutzt.

Da das Ammoniak Wasserstoff enthält, so sollte man erwarten, daß es brennbar ist. Diese Annahme trifft auch mit einer gewissen Einschränkung zu. Durch den Gehalt an Stickstoff ist die Brennbarkeit so weit herabgesetzt, daß das Ammoniak für sich allein nicht brennt, sondern nur dann, wenn es in eine Flamme geleitet wird. Dagegen verpufft ein Gemisch von Ammoniak und Luft bei Zündung mit einer Flamme. Ersetzt man dabei die Luft durch Sauerstoff, so erfolgt die Verpuffung um so lebhafter. Auch durch Katalyse kann die Verbrennung des Ammoniaks sehr gefördert werden. Leitet man einen Luftstrom, der eine konzentrierte wässerige Ammoniaklösung passiert und sich dadurch mit Ammoniak beladen hat, über platinierten Asbest, der sich in einem Glasrohr befindet und von außen erhitzt wird, so verbrennt das Ammoniak mit gelber Flamme oder es entweichen, wenn schwächer erhitzt wird, weiße Nebel aus dem Rohr. Eine ähnliche Erscheinung beobachtet man, wenn man durch eine konzentrierte Ammoniaklösung, die in einem Becherglas erwärmt wird, einen Sauerstoffstrom hindurchschickt und eine Platindrahtspirale, die man vorher zum Glühen erhitzt hat, in das Becherglas einsenkt. Der Draht glüht weiter, es bilden sich Nebel, und wenn der Sauerstoffstrom verstärkt und die Ammoniakentwicklung gesteigert wird, so erfolgt unter Verpuffung die Entzündung, und es erscheint die gelbe Flamme des brennenden Ammoniaks. Bei der Verbrennung des Ammoniaks können je nach den Mengen Sauerstoff und Ammoniak, die miteinander reagieren, und je nach der Temperatur, bei der die Verbrennung sich abspielt, verschiedene Verbrennungsprodukte entstehen. Entweder kann der Wasserstoff verbrennen und der Stickstoff unverändert entweichen oder es kann überschüssiger Sauerstoff auch den Stickstoff oxydieren, wobei Stickoxyd, salpetrige Säure und schließlich Salpetersäure gebildet werden, wie man aus den folgenden Gleichungen ersehen kann:

$$1.\ 4\,NH_3 + 3\,O_2 = 6\,H_2O + 2\,N_2$$

$$2.\ 4\,NH_3 + 5\,O_2 = 6\,H_2O + 4\,NO$$
Stickoxyd

$$3.\ 2\,NH_3 + 3\,O_2 = 2\,H_2O + 2\,NO_2H$$
salpetrige Säure

$$4.\ NH_3 + 2\,O_2 = H_2O + NO_3H$$
Salpetersäure

Die letzte Reaktion, die die weitgehendste Oxydation des Ammoniaks bis zur Salpetersäure darstellt, ist die technisch wichtigste. Durch sie war es möglich, die ungeheuren Mengen Salpetersäure herzustellen, die im Krieg für die Munitionsfabriken gebraucht wurden, als uns das frühere gewöhnliche Ausgangsmaterial für die Salpetersäurefabrikation, das Natriumnitrat, nicht mehr zur Verfügung stand. Dieses Salz findet sich in großen Lagern an der Westküste von Südamerika und wird nach dem Staat, der diese Lager besitzt, Chilesalpeter genannt. Aus diesem Salz der Salpetersäure kann die Säure in ähnlicher Weise frei gemacht werden wie die Salzsäure aus dem Kochsalz, nämlich durch Erhitzen mit konzentrierter Schwefelsäure, wobei die Salpetersäure abdestilliert. Man arbeitet dabei mit einem Überschuß von Schwefelsäure und sucht die Temperatur bei der Destillation niedrig zu halten. Bei höherer Temperatur zersetzt sich nämlich die Salpetersäure und die Zersetzungsprodukte lösen sich in der Säure auf, wodurch sie eine gelbe bis rotgelbe Farbe bekommt und dann als rote rauchende Salpetersäure bezeichnet wird. Die Zersetzung des Chilesalpeters mit der Schwefelsäure verläuft nach der Gleichung:

$$NaNO_3 + H_2SO_4 = NaHSO_4 + HNO_3$$

Im großen wird das im Verhältnis dieser Gleichung angesetzte Gemisch aus eisernen Kesseln destilliert; die Dämpfe werden in spiralförmig gewundenen Tonröhren, die mit Wasser gekühlt werden, verdichtet. So wird eine etwa 60%ige Säure, die rohe Salpetersäure des Handels, gewonnen. Durch eine abermalige Destillation unter Zusatz von Schwefelsäure kann sie gereinigt und auf höheren Säuregehalt gebracht werden.

In wässeriger Lösung ist die Salpetersäure sehr weitgehend ionisiert, sie ist eine der stärksten Säuren, die wir kennen. Sie ist ein sehr starkes Oxydationsmittel, da sie zu 76 % aus Sauerstoff besteht und ihn leicht abgeben kann. Taucht man ein Stück glühende Holzkohle in konzentrierte Salpetersäure ein, so brennt es lebhaft in der Flüssigkeit weiter. Organische Stoffe werden durch die Einwirkung der Salpetersäure oxydiert oder nitriert, d. h. es wird in ihnen unter Bildung von Wasser ein Wasserstoffatom oder auch mehrere durch die Gruppe NO_2, die Nitrogruppe, ersetzt. Organische Farbstoffe, wie z. B. der Indigo, werden durch die Oxydationswirkung der Salpetersäure zerstört, so daß man eine Indigolösung zum Nachweis der Salpetersäure verwenden kann. Auf die Haut gebracht, verursacht sie zunächst gelbe Flecken, bei stärkerer Einwirkung schmerzhafte Verätzungen. Da auch Wolle gelb gefärbt wird, so erzeugt die Salpetersäure auch auf Kleiderstoffen gelbe Flecken, die sich gewöhnlich nicht mehr beseitigen lassen. Manche organische Verbindungen werden durch Salpetersäure in Explosivstoffe übergeführt — es sei hier nur auf die Schießbaumwolle und das Nitroglyzerin hingewiesen —, so daß die Salpetersäure auch in der Sprengstoffindustrie und bei der Bereitung des rauchlosen Pulvers eine wichtige Rolle spielt. Das Kaliumsalz der Salpetersäure, der Kalisalpeter, hat für die Munitionserzeugung heute kaum mehr Bedeutung, da das aus Salpeter, Schwefel und Kohle bestehende Schwarzpulver fast nur noch für Feuerwerkereizwecke verwendet wird. Das Ammoniumsalz dagegen ist ein sogenannter Sicherheitssprengstoff; die bei seiner Explosion entstehende Temperatur ist nicht so hoch als die durch die Detonation des Nitroglyzerins und des daraus bereiteten Dynamits verursachte, so daß man in Kohlenbergwerken, in denen durch die anderen Sprengstoffe auch schlagende Wetter, das sind explosive Grubengas-Luft-Gemische, gezündet werden, damit sprengen kann.

Die Metalle werden mit wenigen Ausnahmen von der Salpetersäure lebhaft angegriffen und aufgelöst unter Bildung von Salzen, die man als Nitrate bezeichnet. Sie dient daher als Ätzmittel bei der Herstellung von Druckplatten für Radierungen. Eine Kupferplatte wird dazu mit einem Firnis aus Asphalt und Terpentinöl überzogen, in den mit der Radiernadel die Zeichnung eingeritzt wird. Übergießt man nun die Platte mit Salpetersäure, so wird an den durch die Nadel freigelegten Stellen das Kupfer angegriffen und die Zeichnung in die Platte geätzt. Beim Einreiben mit Druckerschwärze füllen sich die geätzten Linien mit Farbe, die beim oberflächlichen Abwischen darin sitzen bleibt, aber an Papier, das mit starkem Druck an die Platte gepreßt wird, haftet.

Gold und Platin werden nicht angegriffen, Silber dagegen wird gelöst. Aus Legierungen, die auf ein Teil Gold wenigstens drei Teile Silber enthalten, wird das Silber von Salpetersäure herausgelöst und vom Gold geschieden, was der Säure den Namen Scheidewasser eingetragen hat. Das Gold wird von einer Mischung aus drei Teilen Salzsäure und einem Teil Salpetersäure in Lösung gebracht. Das Gemisch heißt, weil es den König der Metalle auflöst, Königswasser. Die starke Lösungswirkung dieser Mischung beruht hauptsächlich auf dem Gehalt an freiem Chlor, das sich infolge der Oxydation der Salzsäure durch die Salpetersäure bildet. Bei der Auflösung der Metalle mit Salpetersäure entsteht kein Wasserstoff, sondern man erhält je nach der Art des Metalls verschiedene Reduktionsprodukte der Salpetersäure. Wirkt die Salpetersäure auf Metalle, die Wasserstoffionen entladen können, wie Eisen, Zink oder Magnesium, so wird sie durch den zunächst entstehenden Wasserstoff bis zum Ammoniak reduziert, wobei der Wasserstoff zur Reduktion verbraucht wird und nicht zur Entwicklung kommt. Metalle, die Wasserstoffionen nicht entladen können, werden dagegen direkt oxydiert, und aus der Salpetersäure entsteht Stickoxyd NO, das man auf diesem Wege leicht darstellen kann.

Übergießt man in dem zur Wasserstoffentwicklung gebrauchten Apparat Kupferspäne mit einer Mischung gleicher Gewichtsteile konzentrierter Salpetersäure und Wasser und erwärmt gelinde, so löst sich das Kupfer mit blauer Farbe auf, indem es in Kupfernitrat übergeht, und es entwickelt

sich Stickoxyd. Die Reaktion spielt sich vielleicht in der Weise
ab, daß zunächst unter Zerfall der Salpetersäure das Metall
oxydiert wird:

$$2\,HNO_3 = H_2O + 2\,NO + 3\,O; \quad 3\,Cu + 3\,O = 3\,CuO$$

Dann löst sich das entstandene Metalloxyd in der überschüssigen Säure auf.

$$3\,CuO + 6\,HNO_3 = 3\,H_2O + 3\,Cu(NO_3)_2$$

Das Stickoxyd ist ein farbloses Gas, das an der Luft in das
Stickstoffdioxyd, ein rotgefärbtes Gas, übergeht, indem es
sofort Sauerstoff aus der Luft aufnimmt. Das Stickstoffdioxyd NO_2 gibt mit Wasser zusammengebracht Salpetersäure
und salpetrige Säure nach der Gleichung

$$\begin{matrix} NO_2 \\ NO_2 \end{matrix} + \begin{matrix} OH \\ H \end{matrix} = NO_3H + NO_2H$$
salpetrige Säure.

Die salpetrige Säure existiert frei nur in verdünnten wässerigen Lösungen, ihre Salze, von denen ihre Formel abgeleitet ist, sind dagegen beständig. Nur das Ammoniumnitrit
zerfällt schon beim Kochen in wässeriger Lösung in Stickstoff und Wasser:

$$NH_4NO_2 = 2\,H_2O + N_2$$
Ammoniumnitrit

so daß es bequemes Ausgangsmaterial für die Bereitung reinen
Stickstoffs ist (vgl. S. 86). Sucht man die salpetrige Säure aus
ihren Salzen in Freiheit zu setzen, so zerfällt sie sofort unter
Abspaltung von Wasser, und es entsteht das Salpetrigsäure-
anhydrid N_2O_3, das sofort weiter zerfällt in NO_2 und NO.
Da dieses aber an der Luft gleich Sauerstoff aufnimmt, so
bestehen die roten Gase, die sich beim Zusammenbringen von
Nitriten und Säuren bilden, im wesentlichen aus Stickstoffdioxyd. Der leichte Zerfall der salpetrigen Säure unter Bildung des Stickstoffdioxyds, das an oxydable Stoffe leicht
Sauerstoff abgibt, hat zur Folge, daß sie stärker oxydierend
wirken kann als die Salpetersäure. So macht sie aus ange-
säuerter Jodidlösung Jod frei, eine Reaktion, die sie von der
Salpetersäure unterscheidet.

94

Dadurch, daß Stickoxyd an der Luft leicht in Stickstoffdioxyd und dann mit Wasser in Salpetersäure übergeht, ist noch eine Möglichkeit gegeben, den Stickstoff der Luft in Salpetersäure und Salpeter überzuführen und ihn so für die Landwirtschaft nutzbar zu machen. Im elektrischen Lichtbogen bei einer Temperatur von 2000—2500 ^{0} vereinigt sich nämlich der Stickstoff mit dem Sauerstoff in der Luft zu Stickoxyd. Das kann man zeigen, wenn man von einem Lichtbogen, der unter einem Trichter brennt, die Luft mit einer Luftpumpe durch den Trichterstiel rasch absaugt und sie eine mit Jodkaliumlösung gefüllte Waschflasche passieren läßt. Schon nach kurzer Zeit wird die Jodkaliumlösung durch ausgeschiedenes Jod gebräunt, denn das im Flammenbogen entstandene Stickoxyd hat mit der überschüssigen Luft Stickstoffdioxyd gegeben, das aus Jodkaliumlösung Jod frei macht. Ähnlich bildet sich auch bei Gewittern längs der Bahn der Blitze aus der Luft Stickoxyd, das unter gleichzeitiger Umwandlung in Salpetersäure vom Regen niedergerissen und im Boden gebunden wird. Dieser Vorgang wird bei den technischen Verfahren zur Gewinnung des Stickstoffs durch Verbrennung mit Luftsauerstoff nachgeahmt.

Bei dem von Birkeland und Eyde angegebenen Verfahren wird in Kammern aus feuerfesten Steinen ein Wechselstromlichtbogen erzeugt, der durch Elektromagnete zu einer großen Scheibe von einem Durchmesser bis zu 2 m auseinandergezogen wird. Durch diese elektrische Sonne wird ein starker Luftstrom rasch hindurchgeblasen und sofort schroff abgekühlt, damit das Stickoxyd, das in dem Temperaturintervall von 2000—1000 ^{0} wieder zerfällt, nach Möglichkeit erhalten bleibt. Durch Zusammenbringen mit Luft und Wasser entsteht dann eine sehr verdünnte, mit salpetriger Säure verunreinigte Salpetersäure. Dieses Produkt kann entweder durch Eindampfen konzentriert und gereinigt werden oder man verarbeitet es durch Neutralisation mit Kalziumhydroxyd, dem sogenannten gelöschten Kalk auf Kalziumnitrat, das direkt als Düngemittel brauchbar ist.

Bei dem Verfahren, das Schönherr erdacht hat, brennt ein von hochgespanntem Strom gespeister Lichtbogen in

einem Rohr, in das Luft am unteren Ende tangential eintritt,
so daß der Luftstrom den bis zu 7 m langen Lichtbogen um-
kreist. Bei diesen Verfahren werden etwa 2% Luft in Stickoxyd verwandelt, und von der aufgewendeten Stromenergie
werden ungefähr 3% für die Stickoxydbildung ausgenützt.
Die Verfahren konnten daher nur da praktische Bedeutung
erlangen, wo durch gewaltige Wasserkraft billige elektrische
Energie zur Verfügung steht, wie das in Schweden und Nor-
wegen der Fall ist.

Das sauerstoffärmste unter den Stickoxyden ist das Stickoxydul N_2O, das leicht darzustellen ist durch Erhitzen von
Ammoniumnitrat, das glatt in Stickoxydul und Wasser zerfällt:

$$NH_4NO_3 = 2\,H_2O + N_2O$$
$$\text{Ammoniumnitrat}$$

Unter dem Namen Lachgas ist es in der Medizin als Be-
täubungsmittel eingeführt worden. Im Gemisch mit Sauerstoff eingeatmet, erzeugt es nämlich einen rauschartigen Zustand, der in Bewußtlosigkeit und Empfindungslosigkeit übergeht. Die Beimischung von Sauerstoff ist zur Unterhaltung
der Atmung erforderlich, da das Lachgas keinen Sauerstoff
an den Organismus abgibt, sondern als Ganzes vom Blut aufgenommen wird.

Von den übrigen Verbindungen des Stickstoffs mit Sauerstoff und Wasserstoff sei nur noch kurz das Hydroxylamin,
NH_2OH, erwähnt, das ein gutes Reduktionsmittel ist.

Die Halogenverbindungen des Stickstoffs sind sehr explosive Substanzen, die aber wegen ihrer leichten Zersetzlichkeit nicht handhabungssicher und daher für die Praxis nicht
zu brauchen sind. Auch die Verbindungen des Stickstoffs mit
Schwefel, Selen und Tellur explodieren mehr oder weniger
leicht durch Stoß, Schlag oder Erhitzung. Sie haben ebenfalls kein praktisches Interesse.

XIII. Phosphor, Arsen, Antimon, Wismut.

Der Phosphor wurde entdeckt von dem Alchemisten B r a n d
in Hamburg, als er bei Versuchen, den Stein der Weisen dar-

zustellen, Urin eindampfte und den Rückstand aus einer
tönernen Retorte destillierte. Die menschliche Nahrung enthält Phosphor in Form von Sauerstoffverbindungen, die teilweise durch den Urin ausgeschieden werden. Beim Eindampfen blieben sie zusammen mit nichtflüchtigen organischen
Verbindungen zurück. Beim stärkeren Erhitzen verkohlten die
organischen Substanzen, und die Kohle entzog den Phosphor-
sauerstoffverbindungen den Sauerstoff, so daß der freiwerdende Phosphor überdestillierte. Später ging man von anderen Stoffen aus, um Phosphor zu gewinnen, nämlich von
den Phosphaten, das sind die Salze der Phosphorsäure, die,
wie wir gesehen haben, leicht entsteht, wenn sich das Verbrennungsprodukt des Phosphors in Wasser auflöst. Als
Phosphat findet sich der Phosphor in der Natur als Apatit
und Phosphorit. Das Kalziumphosphat ist der Bestandteil
der Knochen, der ihnen Festigkeit verleiht. Komplizierte organische Phosphorverbindungen, wie das Lezithin, finden
sich im Gehirn, andere, wie die Nukleine, im Kern der tierischen und pflanzlichen Zelle, so daß der Phosphor für den
Aufbau der lebenden Organismen eine sehr wesentliche Bedeutung hat.

Zur Darstellung des Phosphors erhitzt man heute Phosphate oder Knochenasche, die zurückbleibt, wenn Knochen
zur Zerstörung der organischen Substanz gebrannt werden,
mit Kohle und Sand in elektrischen Öfen. Der Quarzsand ist
eine Verbindung des Elementes Silizium, nämlich das Siliziumdioxyd oder das Anhydrid der Kieselsäure, das sich bei
der hohen Temperatur mit dem Kalzium verbindet, während
der Sauerstoff von dem Kohlenstoff weggenommen wird, so
daß der Phosphor frei wird, überdestilliert und unter Wasser aufgefangen werden kann. Der Dampf verdichtet sich
zuerst zur Flüssigkeit, die bei weiterer Abkühlung erstarrt.

Im reinen Zustand hat der Phosphor eine weiße bis gelbliche Farbe. Er schmilzt schon bei 44^0 und siedet bei 287^0.
An der Luft oxydiert er sich, wobei ein weißer Rauch auftritt, und gleichzeitig leuchtet er mit grünlichem Licht. Dieser Eigenschaft verdankt er seinen Namen, der von dem grie-
chischen Wort $\varphi\omega\sigma\varphi\delta\varrho o\varsigma$ = lichttragend abgeleitet ist. Schon

bei mäßiger Erwärmung geht die langsame Oxydation, die das Leuchten bedingt, in die schnelle Verbrennung über, der Phosphor entzündet sich und brennt mit heller Flamme. Da diese Entzündung von selbst eintreten kann, wenn der Phosphor auf einer schlecht wärmeleitenden Unterlage liegt, so daß die bei der langsamen Oxydation entstehende Wärme nicht abgeleitet wird, so bewahrt man den Phosphor unter Wasser auf, um ihn vor der Berührung mit der Luft zu schützen. Will man eine Phosphorstange — in dieser Form kommt der Phosphor in den Handel — zerkleinern, so legt man sie am besten in eine Schale, übergießt sie mit Wasser und zerschneidet sie unter Wasser mit dem Messer. Der Phosphor ist in Wasser unlöslich, er löst sich in Schwefelkohlenstoff, Äther, Terpentinöl und in fetten Ölen. In Lebertran gelöst, kann der Phosphor in kleinen Dosen dem Organismus zur Unterstützung der Knochenbildung zugeführt werden, und der Phosphorlebertran, den man auch mit geschmacksverbessernden Zusätzen versehen kann, ist ein in der Kinderheilkunde viel verordnetes Arzneimittel. In größeren Dosen ist der Phosphor ein starkes Gift, sei es, daß er in den Magen gelangt, in welchem Fall schon ein Zehntelgramm einen erwachsenen Menschen tötet, sei es, daß die Phosphordämpfe eingeatmet werden. Wegen seiner Giftwirkung dient er auch zur Vertilgung von Ratten und Mäusen in der Form der Phosphorlatwerge, die aus Mehl, das man in Fett röstet, unter Zusatz von 1 % Phosphor bereitet wird.

Erhitzt man Phosphor unter Luftabschluß auf eine Temperatur von etwa 300°, so geht er allmählich in eine rote Masse über, den roten Phosphor. Destilliert man diesen und kühlt den Dampf rasch ab, so erhält man den weißen Phosphor zurück. Es bestehen also zwei allotrope Formen des Phosphors, die sich restlos ineinander umwandeln lassen, die aber in ihren Eigenschaften völlig verschieden sind. Der rote Phosphor ist nicht giftig, er ist ganz unlöslich, er leuchtet und raucht nicht an der Luft und ist viel schwerer entzündlich, so daß man ihn nicht unter Wasser aufzubewahren braucht.

Für die Herstellung von Zündmitteln ist der rote Phosphor fast unentbehrlich geworden, und erst nach seiner Entdeckung,

im Jahre 1845, war es möglich, ungiftige, ungefährliche und
sicher wirkende Zündhölzer zu fabrizieren, mit denen sich
bequem Feuer entfachen ließ. Bis zum Beginn des 19. Jahrhunderts hatte sich die Menschheit in einer rührenden An-
spruchslosigkeit oder Rückständigkeit mit der primitiven Methode beholfen, die zur Erzeugung des Feuers bereits in den
ältesten Zeiten gebräuchlich war. Man schlug mit Feuerstein
und Eisenkies, später mit Stahl Funken, die, in leicht entzündlichem Material aufgefangen, dies zum Glühen brach-
ten. An dieser Glut konnte dann entweder weiches Holz oder
Schwefel entflammt werden.

Erst im Jahre 1812 erfand Chancel in Paris das Tunk-
feuerzeug. Hölzchen, am einen Ende mit geschmolzenem
Schwefel überzogen und mit einem Kopf aus chlorsaurem
Kalium und Schwefel versehen, tauchte man in ein Gefäß,
das mit konzentrierter Schwefelsäure getränkten Asbest enthielt. Durch die freiwerdende Chlorsäure wurde dann der
Zucker so lebhaft oxydiert, daß eine Flamme entstand, die
sich auf den Schwefel und dann auf das Holz fortpflanzte.
Da die Oxydation aber häufig mit explosionsartiger Heftigkeit erfolgte und Schwefelsäure verspritzt wurde, so führten
sich die Tunkhölzchen nicht ein. Das Feuerzeug von Döbereiner, das auf der katalytischen Vereinigung von Luftsauerstoff mit Wasserstoff beruhte, der aus einem kleinen
Gasentwickler gegen Platinschwamm strömte und sich ent-
zündete, war zu wenig handlich.

Im Jahre 1832 kamen gleichzeitig zwei Arten von Zünd-
hölzchen in Gebrauch. Die eine Sorte hatte Köpfchen, die
aus chlorsaurem Kalium und gemahlenem Grauspießglanzerz als brennbarer Beimengung bestanden; sie wurden durch
Reiben mit Sandpapier zur Entzündung gebracht. Bei der anderen Sorte war das Hölzchen wieder am einen Ende mit
Schwefel überzogen und hatte einen Kopf, der aus 1 % Phosphor, sauerstoffabgebenden Stoffen, wie Kalisalpeter oder
Kaliumchlorat, und Bindemitteln, wie Leim oder Gummi-
arabikum, hergestellt wurde. Sie entzündeten sich an jeder
rauhen Fläche, aber sie wurden wegen ihrer Feuergefährlich-
keit gleich wieder verboten und kamen erst 1845 in den Han-

del. Sie erfreuten sich großer Beliebtheit, bis sie, mit Rücksicht auf ihre zu große Entzündlichkeit, ihre Giftigkeit und die Schädigungen, denen die Arbeiter bei ihrer Herstellung durch die giftigen Phosphordämpfe ausgesetzt waren, durch Reichsgesetz vom 10. Mai 1903 verboten wurden. Sie wurden ersetzt durch die von dem deutschen Chemiker Boettger bereits 1848 erfundenen „schwedischen Zündhölzer", die keinen Schwefel am Holz und keinen Phosphor im Kopf hatten, sondern nur eine Mischung von chlorsaurem Kalium, einem brennbaren Sulfid, und so viel Bindemittel, daß eine Entzündung durch Reiben allein nur sehr schwer möglich war. Erst wenn von der Reibfläche, auf der sich roter Phosphor oder andere leicht oxydierbare Stoffe befinden, kleine Teilchen losgerieben werden, die sich mit Kaliumchlorat entzünden, überträgt sich die Entzündung auf die ganze Masse des Köpfchens und von da auf das Hölzchen, das zur Erhöhung der Entflammbarkeit mit Paraffin getränkt ist. Neuerdings werden wieder Zündhölzer hergestellt, die sich bei kräftiger Reibung an jeder rauhen Fläche entzünden. Man hat aber in ihnen den giftigen weißen Phosphor durch roten ersetzt oder durch eine Verbindung, die aus Schwefel und Phosphor besteht und Schwefelphosphor heißt.

Wenn Phosphor verbrennt, so gibt er, wie wir schon ganz im Anfang sahen, einen weißen Rauch, das Phosphorpentoxyd, P_2O_5, eine Substanz, die hygroskopisch ist, d. h. an der Luft begierig Wasser anzieht, so daß man sie zum Trocknen von Gasen verwenden kann. Löst man dieses Phosphorpentoxyd in Wasser auf, so entsteht eine sauer reagierende Lösung. Es ist demnach ein Säureanhydrid und vereinigt sich mit Wasser zu einer Säure, und zwar zuerst zu der sogenannten Metaphosphorsäure, dann unter Aufnahme eines weiteren Moleküls Wasser zur Orthophosphorsäure, der gewöhnlichen Phosphorsäure:

$$P_2O_5 + H_2O = 2\,HPO_3 \qquad HPO_3 + H_2O = H_3PO_4$$

MetaphosphorsäureOrthophosphorsäure

Da die freie Säure schwer flüchtig ist, kann man durch Eindampfen das Wasser verjagen und die Säure im konzentrierten Zustand darstellen. Sie ist eine schwache Säure, denn ihre wässerige Lösung enthält nur ein Viertel soviel Wasserstoffionen wie die Salzsäure, wenn man Lösungen vergleicht, die dieselbe Menge Wasserstoffatome in dem gleichen Volum Lösung enthalten. Sie dissoziiert stufenweise in die Ionen H_2PO_4' und HPO_4'', das letzte Wasserstoffatom wird nur sehr schwer als Ion abgegeben. Sie bildet drei Reihen Salze, zwei saure und ein neutrales, die man je nach der Zahl der durch Metall ersetzten Wasserstoffatome als primär, sekundär und tertiär benennt. Die beiden letzten reagieren alkalisch, da sie stark hydrolytisch gespalten werden (vgl. S. 83). Anstatt Phosphor zu verbrennen, kann man ihn auch auf nassem Wege durch Erwärmen mit Salpetersäure zu Phosphorsäure oxydieren. In der Technik geht man von dem in der Natur vorkommenden Kalziumphosphat aus und zersetzt es mit Schwefelsäure. Es entsteht das schwerlösliche Kalziumsalz der Schwefelsäure, der Gips, und die Phosphorsäure wird in Freiheit gesetzt. Das Kalziumsulfat wird durch Filtration beseitigt und die Säure, wenn nötig, durch Eindampfen konzentriert. Wichtiger als die freie Säure sind ihre Salze, und zwar besonders die Kalksalze, da sie wertvolle Düngemittel sind.

Wie schon erwähnt, nehmen wir mit der Nahrung Phosphorverbindungen auf, und zwar entweder in den Pflanzen, die auf dem Boden wachsen, oder in dem Fleisch der Tiere, die sich von Pflanzen nähren. Aller Phosphor also, den Tier und Mensch verbrauchen, wird in letzter Linie dem Boden entzogen. Nur ein kleiner Teil davon kann dem Boden als Dung oder Mist zurückgegeben werden, ein weit größerer Teil geht verloren. Deshalb muß für diesen Verlust dadurch ein Ersatz geschaffen werden, daß man phosphorhaltigen künstlichen Dünger auf den Acker bringt. Als phosphorhaltiger Dünger kommt in Betracht das Superphosphat, ein Gemisch aus primärem Kalziumphosphat und Kalziumsulfat, das aus dem natürlich vorkommenden tertiären Kalziumphosphat durch Behandlung mit Schwefelsäure gewonnen wird. Das natürliche Kalziumphosphat $Ca_3(PO_4)_2$ löst sich nicht in Wasser und ist daher für die Pflanze nicht genießbar. Durch Zugabe berechneter Mengen von Schwefelsäure wird es in Kalziumsulfat und das primäre Kalziumphosphat

$Ca(H_2PO_4)_2$ übergeführt, das löslich und für die Pflanze verwertbar ist. Bei der Stahlfabrikation muß man dem Roheisen, das aus phosphorhaltigen Eisenerzen stammt, den Phosphor entziehen. Aus dem dabei verwendeten Kalk entsteht ebenfalls Kalziumphosphat, die sogenannte Thomasschlacke, die ohne weitere Vorbereitung fein gemahlen auf den Acker gebracht werden kann, weil sie durch den Regen und ein in der Luft befindliches Gas, das Kohlendioxyd, zersetzt und löslich gemacht wird. Ein Dünger, der neben Phosphor auch noch Stickstoff dem Boden zuführt, ist der Guano, der sich auf manchen Inseln der Südsee und des indischen Ozeans findet. Er ist entstanden aus den Ausscheidungsprodukten, die die Vögel, die das Meer bewohnen, dort abgelagert haben und in denen stickstoffhaltige harnsaure Salze und die an Kalziumphosphat reichen Skeletteile der verzehrten Fische enthalten sind.

Die anderen Säuren des Phosphors haben neben der wichtigen Phosphorsäure nur untergeordnetes Interesse und können daher hier unerörtert bleiben. Der Phosphorwasserstoff PH_3 ist in seiner Zusammensetzung dem Ammoniak analog, aber er neigt weniger zur Salzbildung als dieses. Eine zweite Verbindung des Phosphors mit dem Wasserstoff P_2H_4, der flüssige Phosphorwasserstoff, ist durch seine Selbstentzündlichkeit ausgezeichnet. Halogenphosphorverbindungen sind ebenfalls bekannt. Sie werden in der organischen Technik vielfach verwendet, um Halogen in organische Verbindungen einzuführen. Sie entstehen durch direkte Einwirkung von Halogen auf Phosphor.

Ein dem Phosphor sehr nahestehendes Element ist das *Arsen*, das ebenfalls in zwei Modifikationen auftritt, nämlich als gelbes Arsen, das keine metallischen Eigenschaften zeigt, und als graues bis schwarzes metallisches Arsen. Die gelbe Form ist sehr unbeständig; sie bildet sich aus dem Dampf des Arsens, wenn er durch rasche Abkühlung fest niedergeschlagen oder in ein geeignetes, stark gekühltes Lösungsmittel, z. B. Schwefelkohlenstoff, eingeleitet wird. Bei gewöhnlicher Temperatur und unter der Einwirkung des Tageslichtes verwandelt sich das gelbe Arsen rasch in das metallische. In der metallischen Form findet sich das Arsen in der Natur. Von den Bergleuten, die aus dem schweren Mineral, das sich in Topfscherben ähnlichen Stücken fand, ein wertvolles Metall zu erschmelzen hofften und sich enttäuscht sahen, wenn es als Rauch davonging, ist es Scherbenkobalt genannt worden. Auch mit dem Namen Fliegenstein hat man dieses Arsen belegt, weil es sich zur Vertilgung von Fliegen verwenden ließ. In die scherbenförmigen Stücke goß man etwas Sirup. Durch langsame Oxydation an der Luft entsteht aus dem Arsen ein giftiges Oxyd, As_2O_3, das den Sirup vergiftete und die Fliegen, die davon naschten, tötete. Das gleiche Oxyd entsteht auch bei der raschen Verbrennung des Arsens an der Luft. Es wird durch Rösten, d. h. Erhitzen unter Luftzutritt, aus arsenhaltigen Erzen dargestellt und ist unter dem Trivialnamen Arsenik bekannt. Es ist ein starkes Gift, das schon in Mengen von 0,2 g meist tödlich wirkt. Wegen seiner Giftwirkung dient es als Rattengift. In Wasser ist es nur schwer löslich, dagegen löst es sich in Basen wie Natronlauge oder Kalilauge, da es ein Säureanhydrid ist, unter Bildung von Salzen auf. Die Lösung des arsenigsauren Kaliums, die F o w l e r sche Lösung, ist sowohl ein Arzneimittel wie ein Konservierungsmittel, mit dem man Tierbälge vor Insekten schützt. Noch eine ganze Reihe anderer Arsenverbindungen gehören dem Arzneischatz an, und Quellwässer, die Arsenik enthalten, wie die von Levico und die Dürkheimer Maxquelle, sind wegen ihrer Heilkraft sehr geschätzt. Durch Zuführung kleiner Mengen von Arsenik kann man den Organismus allmählich an das Gift gewöhnen, so daß Dosen bis zu $1/_2$ g vertragen werden. In Tirol und Steiermark gibt es Arsenikesser, die regelmäßig Arsenik zu sich nehmen, um die Anstrengungen des Bergsteigens und des Lasttragens besser aushalten zu können. Im Laufe der Zeit stellen sich bei ihnen Schädigungen ein, die aber nach der vorsichtig und allmählich durchzuführenden Entziehung des Giftes wieder zurückgehen. Nicht nur die lebenden Organismen, sondern auch die rein anorganischen Katalysatoren werden durch die Giftwirkung des Arsens geschädigt. Wenn bei der Schwefelsäurefabrikation arsenhaltige Sulfide geröstet werden, so müssen die Röstgase sorgfältig durch Filter von dem beim Rösten entstehenden Arsentrioxyd befreit werden, ehe sie mit der Kontaktmasse in Berührung kommen, da sonst der Platinkatalysator vergiftet wird.

Eine dem Ammoniak entsprechende Wasserstoffverbindung ist der Arsenwasserstoff AsH_3. Er entsteht, wenn Wasserstoff im Entstehungszustand auf Arsenik oder andere Arsenverbindungen einwirkt. Übergießt man Zink mit Salzsäure und bringt zu der Flüssigkeit, aus der sich der Wasserstoff entwickelt, eine ganz geringe Menge aufgelöstes Arsenik hinzu, so mischt sich dem Wasserstoff alsbald Arsenwassertoff bei, der die Wasserstoffflamme fahlblau färbt. Hält man ein Stück kaltes Porzellan in die Flamme, so verbrennt das Arsen des Arsenwasserstoffs nicht mehr vollständig und scheidet sich als schwarzer Fleck an dem Porzellan ab. Man kann an der Bildung solcher Flecke, die sich in einer Mischung von Wasserstoffsuperoxyd und Natronlauge auflösen, die Gegenwart von Arsen erkennen.

Außer dem Oxyd As_2O_3, in dem das Arsen dreiwertig ist, gibt es noch ein Arsenpentoxyd, As_2O_5, mit fünfwertigem Arsen, das Anhydrid der Arsensäure, H_3AsO_4, die eine der Phosphorsäure analoge Zusammensetzung hat. Den Sauerstoffverbindungen entsprechen zwei Schwefelverbindungen, As_2S_3 und As_2S_5, das Arsentrisulfid und das Arsenpentasulfid, von denen das erstere als Mineral vorkommt und Auripigment heißt.

Ein Element, das dem Arsen sehr ähnelt, ist das *Antimon*, dessen Symbol Sb von dem lateinischen Wort stibium genommen ist. Es findet sich in kleinen Mengen frei in der Natur. Sein hauptsächlichstes Vorkommen ist aber das bei der Zündhölzerfabrikation bereits erwähnte Grauspießglanzerz, das schon seit den ältesten Zeiten bekannt ist; schon in früher Zeit bemalten und vergrößerten die Frauen des Orients ihre Augenbrauen mit Schminken, die aus Grauspießglanz hergestellt waren, und die Darstellung des Antimons findet sich bereits in den Schriften, die dem Basilius Valentinus zugeschrieben werden, als altbekannt erwähnt. Man kann es leicht aus dem Grauspießglanzerz, dem Antimontrisulfid, gewinnen, wenn man dieses mit Eisen schmilzt. Das Eisen entzieht dem Antimon den Schwefel, bildet damit Schwefeleisen, und das Antimon wird frei:

$$Sb_2S_3 \qquad + 3\,Fe = 3\,FeS + 2\,Sb$$

Antimontrisulfid Eisen Schwefeleisen

Es ist weiß, metallglänzend und spröde, hat also stark metallischen Charakter. Es wird daher auch zu Legierungen verschmolzen, die vielfach praktisch verwendet werden. So ist das Letternmetall, aus dem die Buchdruckerlettern verfertigt werden, eine Legierung von Antimon mit Blei und etwas Zinn, das Britanniametall besteht aus Antimon, Zinn und Kupfer. Seine Verbindungen sind denen des Arsens analog zusammengesetzt. Sowohl das Metall wie die Verbindungen spielten in der Medizin des Mittelalters eine große Rolle; auch heute sind noch einige Antimonpräparate offizinell, wie der Brechweinstein, eine Antimonverbindung der Weinsäure, und der Goldschwefel, das Antimonpentasulfid, Sb_2S_5. Letzterer hat allerdings größere Bedeutung als Vulkanisierungsmittel für Kautschuk gewonnen, und Brechweinstein wird mehr als Beize in der Färberei verarbeitet.

Noch stärker betont ist der metallische Charakter bei dem Element Wismut, das sich in der Natur meist gediegen findet und aus dem Muttergestein ausgeschmolzen werden kann. Es schmilzt schon bei 271 ⁰ und liefert, mit anderen leicht schmelzbaren Metallen zusammengeschmolzen, Legierungen, die sich schon unterhalb des Siedepunktes des Wassers verflüssigen. Woodsches Metall, aus 4 Teilen Wismut, 2 Teilen Blei, je einem Teil Zinn und Kadmium schmilzt bei 65⁰, Roses Metall aus 2 Teilen Wismut und je 1 Teil Zinn und Blei schmilzt bei 94⁰. Eine Mischung aus gleichen Teilen Wismut, Blei und Zinn schmilzt bei 130⁰ und ist für Klischees sehr geeignet. Die Sauerstoffverbindungen des Wismuts haben basische Eigenschaften und bilden bei der Lösung in Säuren Salze, die leicht hydrolytisch gespalten werden und basische Salze geben, aus denen sowohl Arzneimittel wie kosmetische Präparate bereitet werden. Neuerdings haben auch einige organische Verbindungen des Wismuts therapeutische Bedeutung erlangt.

XIV. Kohlenstoff. Sauerstoffverbindungen des Kohlenstoffs. Die Flamme. Zyan. Schwefelkohlenstoff.

Ein Element, das sich durch eine ganz besonders hohe Verbindungsfähigkeit auszeichnet, ist der Kohlenstoff. Seine Atome treten nicht nur mit den Atomen anderer Elemente zusammen, sondern sie vereinigen sich auch untereinander, so daß lange Atomketten und Ringsysteme mit verschiedener Kohlenstoffatomzahl entstehen. Die sehr zahlreichen Verbindungen, die auf diese Weise zustande kommen, bezeichnet man auch heute noch als organische Verbindungen, und sie bilden einen besonderen Teil des Wissensgebietes der Chemie, die organische Chemie. Alle Organismen, alle Lebewesen bauen sich nämlich aus Substanzen auf, die Kohlenstoff als unumgänglichen, nie fehlenden Bestandteil enthalten, und man hat lange geglaubt, daß die organischen Verbindungen, die man zuerst aus pflanzlichen oder tierischen Organismen isolierte, durch eine Lebenskraft zusammengehalten würden, so daß sie im Gegensatz zu den Verbindungen der anderen Elemente, den anorganischen Verbindungen, nicht künstlich dargestellt werden könnten. Als es im Jahre 1828 Wöhler gelang, den Harnstoff, ein Stoffwechselprodukt von Mensch und Tier, auf rein chemischem Wege zu bereiten, da wurde zwar dieses Unterscheidungsmerkmal zwischen anorganischer und organischer Chemie hinfällig, aber man behielt die Einteilung aus Zweckmäßigkeitsgründen bei, und man behandelt in der anorganischen Chemie nur den elementaren Kohlenstoff sowie seine Verbindungen mit Sauerstoff, Stickstoff und Schwefel.

Der elementare Kohlenstoff, dessen Symbol C vom lateinischen carbo = Kohle genommen ist, zeigt besonders auffällig die Eigenschaft der Allotropie. Denn der funkelnde und glitzernde Diamant und die schwarze Substanz, die wir als Kohle verbrennen oder die wir in den Bleistiften zum Schreiben benutzen, sind nur zwei Modifikationen des Elementes

Kohlenstoff. Erhitzen wir einen Diamantsplitter in einem mit Sauerstoff gefüllten Kolben, indem wir ihn in eine elektrisch zu heizende Spirale aus Platindraht legen, so vereinigt er sich mit dem Sauerstoff, er verbrennt mit glänzender Lichterscheinung zu dem gleichen Verbrennungsprodukt, das wir beim Verbrennen eines Stückchens Kohle oder Graphit erhalten, nämlich zu Kohlendioxyd. Die großen äußeren Unterschiede, die uns bei der Betrachtung der verschiedenen Modifikationen auffallen, sind bedingt durch die Verschiedenheit in der Lagerung der Atome zueinander. Im Diamant sind die Atome, wie sich aus der Untersuchung mit Röntgenstrahlen ergibt, tetraedrisch angeordnet, so daß jedes Atom mit vier anderen in Verbindung steht; beim Graphit sind die Atome in Sechsecken angeordnet, die derart schichtweise übereinander gelagert sind, daß die Ecke eines Sechsecks über die Mitte des darunterliegenden kommt, wodurch die blätterige Struktur des Graphits gegeben wird. Während man früher in den verschiedenen Kohlearten noch Formen einer dritten Modifikation des amorphen Kohlenstoffs sah, glaubt man heute, daß die Unterschiede, die zwischen dem Graphit und dem sogenannten amorphen Kohlenstoff bestehen, auf der mehr haufenartigen Anordnung der Teilchen und auf dem Verteilungszustand beruhen, so daß er als ein ganz besonders fein verteilter Graphit aufzufassen ist. Dafür spricht, daß es eine ganze Reihe von Übergangszuständen zwischen dem Graphit und dem amorphen Kohlenstoff gibt, und daß andererseits die Bildungsform durch den Bildungsort bestimmt wird. Scheidet sich Kohlenstoff an glatten Flächen ab, so entstehen graphitartige Formen, während anderenfalls kohleähnlichere Abscheidungen auftreten. Die Umwandlung des Diamanten in Graphit erfolgt durch Erhitzen auf hohe Temperaturen unter Luftabschluß. Die Umkehrung dieses Vorgangs, die eine künstliche Darstellung von Diamanten wäre, ist bis jetzt nur in vereinzelten Fällen geglückt. Sie könnte sich nur unter dem Einfluß eines außerordentlich hohen Drucks vollziehen. Der französische Forscher Moissan hat winzige Diamanten erhalten, als er reine Zuckerkohle in geschmolzenem Eisen bei etwa 3000 ^{0} im elektrischen Ofen auflöste und die Schmelze schroff abkühlte, so daß die Oberfläche schnell erstarrte. Unter dem im Innern der Schmelze entstehenden starken Druck kristallisierte der Kohlenstoff in Form kleiner Diamanten, die maximal $1/_2$ mm Durchmesser hatten. Der Diamantenhandel bleibt somit auf die in der Natur vorkommenden angewiesen. Hauptfundorte sind Südafrika und Brasilien. Wegen seines hohen Lichtbrechungsvermögens, das durch geeigneten Schliff noch besonders zur Geltung gebracht wird, seiner Durchsichtigkeit und seiner Härte ist er ein sehr beliebter Edelstein, dessen Wert nach dem Gewicht bemessen wird. Gewogen werden Diamante nach Karat. Ein Karat ist $1/_5$ g, ungefähr gleich dem Gewicht eines Johannisbrotkerns, der auf griechisch κεράτιον heißt. Die große Härte des Diamanten macht ihn auch für praktische Zwecke brauchbar. Abfallpulver von der Diamantverarbeitung dient zum Schleifen harter Edelsteine und des Diamanten selbst, der von keinem anderen Material angegriffen wird. Diamantsplitter und geringe Steine verarbeitet man zu Glaserdiamanten oder man besetzt die Gesteinsbohrer damit. Besonders geeignet für praktische Zwecke sind die schwarzgefärbten Karbonados, die sich als Schmucksteine nicht eignen. Gegen chemische Agentien ist der Diamant sehr widerstandsfähig. Basen und Säuren, auch Flußsäure greifen ihn nicht an, dagegen wird er von Salpeter im Schmelzfluß oxydiert.

Wesentlich reichlicher als der Diamant findet sich der Graphit, für den als Hauptfundorte Sibirien, Ceylon, die Vereinigten Staaten, die Gegend von Iglau in Mähren und Passau in Betracht kommen. Da er so weich ist, daß er auf Papier einen Strich gibt, wird er in großen Mengen in der Bleistiftfabrikation verarbeitet, und zwar unter Zugabe verschieden großer Mengen Ton, um die Abstufung in der Härte für die einzelnen Bleistiftsorten zu erzielen. Aus Gemischen von Ton und Graphit stellt man ferner feuerfeste Schmelztiegel her, wie sie bei der Stahlfabrikation gebraucht werden, die sehr hohe Temperaturen vertragen und außerdem ihren Inhalt vor Oxydation schützen, da der Graphit den Sauerstoff selbst verbraucht. Da der Graphit die Elektrizität gut

leitet, so verfertigt man aus ihm Elektroden, die man bei
Elektrolysen, bei denen stark aggressive Stoffe, wie Chlor, entstehen, als Anode benutzt. In der Galvanoplastik reibt man
die Formstücke, die dadurch mit Metall überzogen werden,
daß man sie als Kathoden in eine Metallsalzlösung einhängt
und durch einen elektrischen Strom das Metall darauf niederschlägt, mit Graphitpulver ein. Die dünne Graphitschicht
macht die Form leitend und verhindert gleichzeitig, daß der
Abdruck sich in der Form festsetzt. Durch die schichtweise
Lagerung seiner Atome, die ein Gleiten der einzelnen Schichten gegeneinander gestattet, kann er die Reibung in Achsen-
lagern und an sonstigen bewegten Maschinenteilen ver-
mindern und vermag daher als trockenes Schmiermittel die
Maschinenöle zu ersetzen.

Künstlichen Graphit hat man auf verschiedenen Wegen
gewonnen. Nach dem Verfahren der Acheson Graphite
Company an den Niagarafällen erhitzt man ein Gemisch von
Koks und Quarz im elektrischen Ofen. Dadurch vereinigt sich
der Kohlenstoff mit dem Silizium zu einer Verbindung, die
Siliziumkarbid genannt wird. Infolge der hohen Temperatur
verflüchtigt sich aber das Silizium wieder aus dieser Verbindung, und der Kohlenstoff bleibt als Graphit zurück.
Außerdem scheidet sich aus kohlenstoffreichen gasförmigen
organischen Verbindungen an glatten, auf über 2000^0 erhitzten Flächen Graphit ab. Auch der Graphit ist gegen chemische Agentien wenig empfindlich. Bei seiner Gewinnung
wird er durch Säure von anhaftenden erdigen Bestandteilen
befreit. Er verbrennt etwas leichter als der Diamant und er
wird auch von Salpetersäure und Kaliumchlorat oxydiert,
wobei er eine Verbindung, die Graphitsäure genannt wird,
liefert.

Den amorphen Kohlenstoff kennen wir in verschiedenen
Arten, die teils künstlich hergestellt werden, teils in der Natur vorkommen. Reinen Kohlenstoff erhält man, wenn man
Zucker verkohlt, die entstandene Kohle mit Säure auskocht
und schließlich, um die letzten Reste Wasserstoff zu beseitigen, einige Zeit in einem Chlorstrom glüht. Der Ruß ist
gleichfalls eine recht reine Form des Kohlenstoffs. Er schei-

det sich aus der Flamme von kohlenstoffreichen Ölen ab, wenn sie an kalten Flächen sich abkühlen, so daß die Verbrennung unvollständig bleibt. Wegen seiner feinen Verteilung und seiner rein schwarzen Farbe ist er ein ausgezeichnetes, altbekanntes Färbemittel, das besonders für die Bereitung von Druckerschwärze geeignet ist. Durch Erhitzen von Knochen und tierischen Geweben unter Luftabschluß wird die Tierkohle oder Knochenkohle hergestellt. Da die Kohle zunächst noch Salze — Phosphate und Karbonate, das sind Salze der Kohlensäure — enthält, wird sie mit Salzsäure gereinigt. Man braucht sie bei der Zuckerfabrikation zur Entfärbung der Zuckersäfte, da sie färbende und auch übelriechende Stoffe auf ihrer Oberfläche festhält. Auch bei der Trinkwasserreinigung wird sie verwendet. Holzkohle wurde früher hauptsächlich in Meilern gebrannt. Heute ist sie ein Nebenprodukt bei der trockenen Destillation des Holzes, die man in Retorten vornimmt, um die wertvollen Destillationsprodukte, den Holzgeist, das Azeton, den Holzessig und den Holzteer zu bekommen. Sie behält die Form des Holzes bei und ist wegen ihrer Porosität imstande, bedeutende Mengen von Gas in ihren Poren zu verschlucken oder zu adsorbieren, die durch Auspumpen oder Erwärmen wieder ausgetrieben werden können. Man kann sie daher zur Beseitigung stark oder schlecht riechender Gase benutzen. Eine besonders wirksame Kohle, die sogenannte „aktive Kohle", wird aus Laubholzspänen durch Tränken mit Salmiaklösung und mäßiges Erhitzen unter vermindertem Druck auf etwa 400^0 gewonnen. Sie dient in der Technik zur Bindung flüchtiger Stoffe, z. B. teurer Lösungsmittel, die wiedergewonnen werden sollen. Die Füllung der Gasmasken, des Schutzmittels gegen Kampfgase im Krieg, bestand ebenfalls aus aktiver Kohle. Für die Fabrikation des alten Schießpulvers verarbeitete man eine Spezialsorte von Holzkohle, nämlich die Faulbaumkohle, die man durch Erhitzen des Holzes mit gespanntem Dampf auf 300 bis 350^0 darstellte, und die durch ihre besonders große Entzündlichkeit ausgezeichnet war.

Als Brennmaterial kommen in erster Linie Steinkohlen, Braunkohlen und Torf in Betracht. Diese Kohlenarten sind

Verwesungs- und Vermoderungsprodukte von Pflanzen. Die beiden ersten stammen aus früheren geologischen Epochen, der Torf bildet sich auch noch in unserer Zeit. Je weiter die Zeit dieses Vermoderungsprozesses zurückliegt, um so weiter ist auch die Zersetzung der Kohlenstoffverbindungen, aus denen diese Pflanzen dereinst bestanden, fortgeschritten und um so reicher ist die Kohle an reinem Kohlenstoff. Steinkohle, besonders Anthrazit, ist die älteste und daher auch kohlenstoffreichste Kohle. Neben dem Kohlenstoff enthalten die Kohlen je nach ihrem Alter größere oder geringere Mengen von Verbindungen des Kohlenstoffs mit Wasserstoff und Stickstoff. Beim Erhitzen der Steinkohlen unter Luftabschluß entweichen diese Verbindungen, während nahezu reiner Kohlenstoff, der Koks, mit geringen mineralischen Beimengungen zurückbleibt. Er ist eine feste, harte, mehr oder weniger blasige und poröse Masse von eisengrauer Farbe und metallischem Glanz. In größter Menge wird er als Brennmaterial, zu metallurgischen Zwecken und als Füllmasse für Absorptionstürme in der chemischen Industrie gebraucht. Für diese Zwecke stellt man Koks direkt her, indem man in großen Verkokungsöfen nasse kleinstückige Kohlen rasch und hoch erhitzt, so daß sie unter dem Druck ihres eigenen Gewichtes zu dichtem, festem Hüttenkoks zusammensintern. Dabei erhält man als Nebenprodukt den wertvollen Steinkohlenteer und gasförmige Verbindungen, die man als Heizgas verwertet, nachdem man mit Wasser das Ammoniak, das auf Ammonsulfat verarbeitet wird, herausgewaschen hat.

Bei der Fabrikation des Leuchtgases wird die Kohle in Retorten trocken erhitzt. Dabei entsteht der Gaskoks, der hier ein allerdings recht brauchbares Nebenprodukt ist. In luftgekühlten Vorlagen scheidet sich der Teer ab, durch Waschen mit Wasser entzieht man dem Gas das Ammoniak, worauf es nach weiterer Reinigung von störenden Beimengungen in die Gasbehälter geleitet wird, von denen aus es dann an die Verbrauchsstelle gelangt.

Senken wir in einen mit Sauerstoff gefüllten Kolben ein Stück Holzkohle, das an einem Draht befestigt und bis zum Glühen erhitzt ist, ein, so verbrennt es mit lebhafter Lichterscheinung zu *Kohlendioxyd* nach der Gleichung:

$$C + O_2 = CO_2$$

Wir gießen nun in den Kolben etwas destilliertes Wasser, verschließen mit dem Handballen und schütteln kräftig um. Es wird ein Teil des Gases im Kolben vom Wasser absorbiert, was wir daran merken, daß der Handballen angesogen wird. In das Wasser tauchen wir nun einen Streifen blaues Lackmuspapier und stellen an der allerdings nur schwachen Rötung fest, daß eine saure Substanz entstanden ist. Das Kohlendioxyd muß also, da es mit Wasser eine Säure liefert, ein Säureanhydrid sein. Es ist das Anhydrid der Kohlensäure. Der Kohlensäure kommt demnach die Formel H_2CO_3 zu. Daß bei der Auflösung des Kohlendioxyds in Wasser eine Säure entsteht, kann man auch durch Zugabe von etwas Kalkwasser nachweisen. Kalkwasser enthält die Base Kalziumhydroxyd $Ca(OH)_2$; bringen wir dazu die Lösung des Kohlendioxyds, so fällt ein schwerlösliches Salz als Niederschlag aus, dessen Zusammensetzung nach der Analyse $CaCO_3$ ist. Ersetzen wir in diesem Salz das Kalzium durch Wasserstoff, so erhalten wir die Formel der freien Säure H_2CO_3. Die Säure ist aber sehr wenig beständig. Versuchen wir sie freizumachen, indem wir das Salz $CaCO_3$, das Kalziumkarbonat, das sich in der Natur als Kalkstein, Marmor, Kreide und Kalkspat findet, mit Säure zersetzen, so erhalten wir das gasförmige Anhydrid, das Kohlendioxyd. Da die Zersetzung sehr leicht vor sich geht, kann man sie in einem mit Marmorabfall und Salzsäure beschickten Kippschen Apparat (S. 24) vornehmen und leicht größere Mengen Kohlendioxyd entwickeln. Im großen zerlegt man das Kalziumkarbonat auch durch starkes Erhitzen. Man erhält dann neben dem Kohlendioxyd nach der Gleichung

$$CaCO_3 = CaO + CO_2$$

das Kalziumoxyd, den gebrannten Kalk, der beim Hausbau und in der Industrie in gewaltigen Mengen verbraucht wird.

Das Kohlendioxyd ist ein schweres Gas, rund anderthalbmal schwerer als die Luft, das weder die Verbrennung noch die Atmung zu unterhalten vermag. Eine brennende Kerze erlischt sofort, wenn man sie in einen mit Kohlendioxyd gefüllten Zylinder einsenkt. Außerdem erzeugt Kohlendioxyd mit Kalkwasser den uns bereits bekannten weißen Niederschlag und unterscheidet sich dadurch vom Stickstoff, in dem ebenfalls keine Verbrennung möglich ist.

An vielen Orten der Erde, besonders an Stellen vulkanischen Charakters, am Vesuv, in der Eifel und auch am Rhein, strömt das Gas aus der Erde aus, und zwar mitunter in solchen Mengen, daß es praktisch verwertet werden kann. Da es leicht kondensierbar ist — bei 0^0 verflüssigt es sich unter einem Druck von 35 Atmosphären —, preßt man es in eiserne Flaschen und bringt es im flüssigen Zustand in den Handel. Läßt man aus einer solchen eisernen Flasche, die man so schräg gestellt hat, daß das Ventil nach unten kommt, flüssiges Kohlendioxyd ausströmen, so verdunstet der größte Teil bei dem gewöhnlichen Druck von einer Atmosphäre sofort und kühlt dabei den Rest so stark ab, daß er zu einer weißen, schneeartigen Substanz, dem festen Kohlendioxyd, erstarrt. Mit dem festen Kohlendioxyd, das eine Temperatur von -78^0 hat, kann man sehr beträchtliche Kühlwirkungen erzielen, besonders dann, wenn man es mit Äther mischt, wodurch die Berührung mit den zu kühlenden Gegenständen erleichtert und die Verdunstung beschleunigt wird, so daß man Kältebäder von -80^0 erhält. Wegen seiner Schwere bleibt das Kohlendioxyd, wenn es dem Boden entströmt, in den unteren Luftschichten. In der Hundsgrotte bei Neapel tritt es aus dem gegen den Eingang vertieft liegenden Boden der Grotte aus und füllt den unteren Teil bis zur Grottenschwelle etwa $1/_2$ m hoch an. Ein Mensch kann daher die Grotte betreten, ohne von dem Gase belästigt zu werden, während kleine Tiere, wie Hunde, darin ersticken. Da das Kohlendioxyd bei Fäulnis- und Verwesungsprozessen entsteht, so sammelt es sich auch in alten Brunnenschächten, in Abfallgruben und in Kanälen. Um Unglücksfälle zu vermeiden, sollte man stets an solchen Stellen die Beschaffenheit der Luft vor dem Einsteigen durch ein hinabgelassenes Licht prüfen.

In vielen Mineralwässern, den sogenannten Säuerlingen, ist Kohlendioxyd enthalten, das ihnen den angenehmen prickelnden Geschmack verleiht. Besondere Bedeutung haben solche Wässer für die Heilkunde. Man trinkt sie und man badet darin und sucht damit die verschiedensten Störungen der Gesundheit zu beheben. Eine künstliche Nachahmung solcher Wässer ist das sogenannte Sodawasser, eine Lösung von Kohlendioxyd in Wasser, die man, da 1 Liter Wasser bei 15⁰ nur 1 Liter Kohlendioxyd löst, unter Druck herstellt und aus der das eingepreßte Gas beim Öffnen der Flasche entweicht. In ähnlicher Weise werden auch die verschiedenen Limonaden bereitet. Man setzt dem Wasser vor dem Einpressen des Kohlendioxyds etwas Fruchtäther zu und färbt mit einem passenden Farbstoff.

Bei dem Gärungsprozeß, durch den wir unsere geistigen Getränke herstellen, wird durch die Hefe Zucker in Alkohol und Kohlendioxyd gespalten, das bei manchen Getränken — beim Bier und Sekt — in beträchtlichen Mengen in der Flüssigkeit gelöst bleibt. Weil an den Gehalt an Kohlendioxyd, gewöhnlich sagt man fälschlich Kohlensäure, der erfrischende Geschmack des Bieres gebunden ist, setzt man bei langsamem Ausschank das Bierfaß mit einer Flasche, die flüssiges Kohlendioxyd enthält, in Verbindung, wodurch Kohlendioxyd in das Faß gepreßt wird. Dieser Druck verhindert, daß Kohlendioxyd aus dem Bier entweicht, und er treibt auch das Bier durch die Rohrleitung der „Pression" an die Zapfstelle.

Beim Backen veranlaßt eine langsame Kohlendioxydentwicklung das Aufgehen und das Lockerwerden des Teigs. Diese Kohlendioxydentwicklung erzeugt man entweder durch Hefe, die hier ebenso wirkt wie bei der Gärung, oder durch Backpulver. Ein sehr beliebtes und ausgiebiges Backpulver ist das Ammonkarbonat, auch Hirschhornsalz genannt, weil es früher aus Horn dargestellt wurde. Es zerfällt bei der Backtemperatur in Kohlendioxyd und Ammoniak. Andere Backpulver bestehen aus einem kohlensauren Salz, aus dem durch ein saures Salz einer anderen Säure im Backofen Kohlendioxyd entwickelt wird.

Bei dem Lebensprozeß von Mensch und Tier, der ja nichts anderes ist als eine langsame Verbrennung von Kohlenstoff, entsteht ebenfalls Kohlendioxyd. Der aus der Luft in das Blut aufgenommene Sauerstoff verbrennt den mit der Nahrung zugeführten Kohlenstoff, durch welchen Prozeß die Körperwärme erzeugt wird. Das Produkt der Verbrennung, das Kohlendioxyd, geht im Blut gelöst wieder zur Lunge, wird hier gegen Sauerstoff ausgetauscht und ausgeatmet. Das ausgeatmete Kohlendioxyd — beim erwachsenen Menschen etwa 6 g in 10 Minuten — können wir leicht nachweisen, wenn wir die ausgeatmete Luft durch Kalkwasser blasen, mit dem sie den weißen Niederschlag von Kalziumkarbonat gibt. Die Pflanzen nehmen aus der Luft Kohlendioxyd auf und spalten es in ihren grünen Zellen in Kohlenstoff und Sauerstoff. Der Sauerstoff wird wieder an die Luft abgegeben, während der Kohlenstoff zurückgehalten und in Verbindungen übergeführt wird, die beim Aufbau des Pflanzenkörpers erforderlich sind. Durch diesen Vorgang, den man als Assimilation bezeichnet, wird der Sauerstoff, der durch die Atmung von Menschen und Tieren und durch die vielen Verbrennungsvorgänge, die sich auf der Erde abspielen, verbraucht wird, ständig regeneriert.

Aus der Verbrennung des Kohlenstoffs mit Sauerstoff ist mit großer Genauigkeit das Atomgewicht des Kohlenstoffs ermittelt worden, und als Beispiel einer Atomgewichtsbestimmung soll das Verfahren hier kurz angedeutet werden. In einem Schiffchen aus Platin wurde eine gewogene Menge Graphit oder Diamantsplitter in eine Porzellanröhre gebracht, die man erhitzte und durch die ein Strom von Sauerstoff geleitet wurde. Das Kohlendioxyd, das bei der Verbrennung entstand, wurde in einem mit Kalilauge gefüllten Absorptionsapparat aufgefangen und gewogen. Die Menge des verbrannten Kohlenstoffs ermittelte man durch Zurückwägen des Platinschiffchens mit der Asche. Man konnte so berechnen, wieviel Sauerstoff mit der gewogenen Menge Kohlenstoff sich verbunden hatte. Durch Bestimmung der Gasdichte findet man das Molekulargewicht des Kohlendioxyds zu 44. Aus dem Verbrennungsversuch ergab sich, daß mit je 3 Teilen Kohlenstoff immer 8 Teile Sauerstoff zusammentreten. Im Molekül müssen also 12 Gewichtsteile Kohlenstoff mit 32 Gewichtsteilen Sauerstoff verbunden sein. Bestimmt man nun noch in vielen Verbindungen die Menge Kohlenstoff, die in einem Mol enthalten ist, so findet man nirgends weniger als 12 Gewichtsteile. Da aber die kleinste Gewichtsmenge eines Elementes, die sich im Molekül einer Verbindung findet, das Atomgewicht ist, so nehmen wir für den Kohlenstoff die Zahl 12 als relatives Atomgewicht an.

Führt man dem Kohlenstoff bei der Verbrennung nur unzureichende Mengen Sauerstoff oder Luft zu, so bildet sich als Verbrennungsprodukt das *Kohlenoxyd CO*. Andererseits kann man auch dem Kohlendioxyd durch glühende Kohle Sauerstoff entziehen und es zu Kohlenoxyd reduzieren. Dieser Vorgang vollzieht sich in den Feuerungen, bei denen die Kohle auf dem Rost verbrennt und die Luft von unten zutritt. In der untersten Schicht, zu der die Luft unmittelbar zuströmt, ist die Verbrennung am lebhaftesten und vollständig; hier verbrennt die Kohle zu Kohlendioxyd. Kommt dieses in den höheren Schichten, wo es bereits an Sauerstoff mangelt, mit dem glühenden Kohlenstoff zusammen, so muß es an diesen einen Teil seines Sauerstoffs abgeben, und der Kohlenstoff verbrennt zu Kohlenoxyd im Sinne der folgenden Gleichung:

$$CO_2 + C = 2\,CO$$

In dem Raum, der über der Kohlenfüllung liegt, findet das Kohlenoxyd wieder Luft und verbrennt hier wieder zu Kohlendioxyd, wobei die kleinen blauen Flämmchen auftreten, die man in Öfen über der glühenden Kohle aufflackern sieht. Hat der Ofen keinen ausreichenden Zug oder ist die Verbindung nach dem Schornstein unterbrochen, so kann Kohlenoxyd in Wohnräume entweichen und Gesundheitsstörungen bei den Insassen hervorrufen. Das Kohlenoxyd lagert sich, da an dem vierwertigen Kohlenstoff erst zwei Valenzen abgesättigt sind, leicht an den Blutfarbstoff, das Hämoglobin, an, mit dem bei der Atmung der Sauerstoff aus der Luft aufgenommen wird, und bildet damit eine ziemlich beständige Verbindung, das Kohlenoxydhämoglobin. Vollzieht sich dieser Vorgang in erheblicherem Maße, so kommt die Atmung und damit auch der Lebensprozeß zum Stillstand. Auch das Leuchtgas enthält Kohlenoxyd, und auf diesen Umstand ist seine Giftigkeit zurückzuführen. Es ist weniger gefährlich als das Kohlenoxyd selbst, weil es sich durch seinen unangenehmen Geruch verrät, während das geruchlose und geschmacklose Kohlenoxyd zunächst sich überhaupt nicht bemerkbar macht.

In der Industrie verwendet man kohlenoxydhaltige Gasgemische in großem Maßstab als Heizmaterial. Durch Überleiten von Luft über glühenden Koks erzeugt man das aus Kohlenoxyd, Stickstoff und Kohlendioxyd bestehende Generatorgas in einem Vorgang ähnlich dem, der sich im Ofen abspielt. Schickt man Wasserdampf statt Luft über glühenden Koks, so entsteht Wassergas, ein Gemisch von Wasserstoff und Kohlendioxyd, das einen sehr beträchtlichen Heizwert hat, nach der Gleichung:

$$C + H_2O = CO + H_2$$

Durch den Wasserdampf werden die glühenden Kohlen abgekühlt, und die Reaktion müßte bald aufhören, wenn man nicht durch Anblasen mit Luft die Kohlen wieder zu neuer Glut anfachte, wobei wieder Generatorgas erzeugt wird. Die beiden Gase kann man entweder getrennt aufsammeln oder man läßt sie in einen Gasbehälter strömen und bekommt so ein Gemenge, das mit dem Namen Mischgas oder Kraftgas bezeichnet wird. Dieses Verfahren, aus der Kohle erst brennbare gasförmige Stoffe herzustellen, ermöglicht eine bessere Ausnutzung, namentlich, wenn es sich um sehr aschehaltige Kohlen handelt. Sollen derartige Gase als Leuchtgas verwendet werden, so pflegt man sie zu karburieren, d. h. man mengt ihnen Dampf von leicht siedenden, kohlenstoffreichen Kohlenwasserstoffen bei, z. B. Benzoldampf, wodurch sie mit leuchtender Flamme verbrennen. Zur Erzeugung von Gasglühlicht können sie ohne weitere Bearbeitung dienen, da es ja hierbei nur darauf ankommt, den Glühkörper zu erhitzen, der das Licht aussendet.

Wenn Gase verbrennen, so entsteht eine Flamme, während bei der Verbrennung fester Stoffe, wie Kohlenstoff oder Eisen, nur ein Glühen beobachtet wird. Wenn eine Kerze oder Steinkohle mit Flamme verbrennt, so rührt das daher, daß aus dem verbrennenden Gegenstand zuerst ein gasförmiges Produkt entsteht, das brennbar ist. Da somit die Flamme durch Vereinigung eines brennbaren Gases mit Sauerstoff hervorgerufen wird, so kann sie auch umgekehrt werden. Es kann ebensogut, wie ein brennbares Gas, z. B. Leuchtgas in Sauerstoff oder Luft mit einer Flamme brennt, auch eine Flamme von Luft oder Sauerstoff in Leuchtgas brennen. Sogar ohne Sauerstoff kann bei der Verbindung zweier Gase eine Flamme entstehen. Wenn eine Wasserstofflamme in einen mit Chlor gefüllten Zylinder eingesenkt wird, so brennt sie weiter, und ebenso kann auch Chlor in einer Atmosphäre von Wasserstoff brennen; in beiden Fällen ist das Verbrennungsprodukt Chlorwasserstoff. Das Leuchten der Flamme kommt dadurch zustande, daß in der Flamme ein fester Stoff zum Glühen erhitzt wird. Beim Leuchtgas ist es der Kohlenstoff, der nicht vollständig verbrennt und der sich daher als Ruß abscheidet, wenn ein kalter Gegenstand in die Flamme gehalten wird. Leitet man Luft von innen in die Flamme, so leuchtet sie nicht mehr und wird heißer, da jetzt der Kohlenstoff vollständig verbrennt, wie das in der Flamme des bereits früher erwähnten Bunsenbrenners geschieht. Hält man ein engmaschiges Drahtnetz in eine Flamme, so breitet sie sich unter dem Drahtnetz aus und schlägt erst dann durch, wenn das Netz glühend geworden ist. Läßt man andererseits aus einem Brenner Gas unangezündet durch ein etwa 2 cm über die Brennermündung gehaltenes Drahtnetz ausströmen und zündet es oberhalb des Netzes an, so brennt die Flamme über dem Netz und schlägt nicht nach der Brennermündung zurück. Beim Passieren des Drahtnetzes kühlen sich nämlich die Gase soweit ab, daß sie unter die Temperaturgrenze kommen, bei der eine Verbrennung möglich ist. Auf dieser Beobachtung beruht die von Davy angegebene Sicherheitslampe für Bergleute, bei der die Flamme zunächst von einem Zylinder aus dickem Glas und, an diesen dicht anschließend, von einem engmaschigen Drahtnetz rings umgeben und nach außen rings abgeschlossen ist. Kommt man mit einer solchen

Lampe an eine Stelle, an der sich ein explosives Gasgemisch
befindet, so kann sich zwar dieses Gasgemisch im Innern der
Lampe an der Flamme entzünden, aber die Entzündung
pflanzt sich nicht nach außen fort. Es erscheint nur in der
Lampe über der Flamme eine bläuliche Haube, die den Träger der Lampe auf die Gefahr aufmerksam macht.

Mit dem Stickstoff verbindet sich der Kohlenstoff, wenn in
einer Stickstoffatmosphäre ein elektrischer Lichtbogen zwischen Graphitelektroden überschlägt, zu Zyan. Bequemer erhält man es durch Erhitzen seiner Quecksilberverbindung, des
Quecksilberzyanids, in dem gleichen Apparat, in dem aus
Quecksilberoxyd Sauerstoff entwickelt wurde. Das Zyan, auch
Dizyan genannt, hat die Formel $(CN)_2$, besteht also aus zwei
Zyanradikalen, die sich untereinander verbunden haben, gerade wie die Atome eines Elementes zum Molekül zusammentreten. Das Zyanradikal verbindet sich auch leicht mit vielen
anderen Elementen, besonders mit Metallen zu Zyaniden, die
als Salze der Wasserstoffverbindung, der Zyanwasserstoffsäure, aufzufassen sind. Die Zyanwasserstoffsäure selbst kann
durch Säuren leicht aus den Salzen in Freiheit gesetzt werden,
da sie sowohl eine schwache als auch eine leichtflüchtige
Säure ist. Ihren Trivialnamen Blausäure hat sie erhalten, weil
sie aus einer blau gefärbten Zyanverbindung, dem Berliner-
blau, dargestellt wurde. Sie ist eine farblose, wasserhelle
Flüssigkeit, die bei 26^0 siedet und sehr starke Giftwirkung
besitzt.

Leitet man Schwefeldampf über glühende Kohlen, so verbindet sich der Schwefel mit dem Kohlenstoff zu Schwefelkohlenstoff, CS_2, der als Dampf entweicht und kondensiert
wird. Er siedet bei 46^0 und ist im reinen Zustand eine leicht-
bewegliche, wasserhelle, nicht unangenehm riechende Flüssigkeit. Der schlechte Geruch des handelsüblichen Schwefelkohlenstoffs rührt von geringen Verunreinigungen her. Er hat
ein sehr starkes Lichtbrechungsvermögen, d. h. weißes Licht
wird beim Passieren einer Schwefelkohlenstoffschicht in die
Regenbogenfarben, aus denen es zusammengesetzt ist, zerlegt.
Wie wir bereits gesehen haben, ist Schwefelkohlenstoff ein
gutes Lösungsmittel für Schwefel und Phosphor, ebenso löst

er auch Fette, Harze, Kampfer und Kautschuk. Schwefelkohlenstoffdampf explodiert, mit Luft oder mit Sauerstoff gemischt, sehr heftig, und diese Gasgemische sind besonders gefährlich, weil sie sich sehr leicht, schon an einem heißen Glasstab, entzünden können. Außerdem sind die Dämpfe des Schwefelkohlenstoffs recht giftig, so daß beim Arbeiten mit diesem Präparat Vorsicht geboten ist. Wegen seiner giftigen Eigenschaften hat man versucht, mit ihm schädliche Insekten, z. B. die Pelzmotten, zu bekämpfen, aber diese Verwendung wird durch die große Entzündlichkeit der Dämpfe stark beeinträchtigt.

XV. Silizium. Kolloidale Lösungen. Bor.

Das Element Silizium — der Name ist vom lateinischen silex = Kiesel abgeleitet — kommt nirgends frei vor, in Verbindungen ist es aber sehr häufig, denn die Erdrinde besteht zu 25% aus Silizium in der Form von Quarz und Silikaten. Quarz ist Siliziumdioxyd oder das Anhydrid der Kieselsäure und hat die Formel SiO_2. Man kann daraus durch Reduktion mit Magnesium das freie Silizium darstellen. Erhitzt man ein Gemisch aus feinem Quarzsand mit Magnesiumpulver in einem Reagensrohr, so verbindet sich das Magnesium mit dem Sauerstoff, und das Silizium wird frei. Man erhält auf diese Weise die amorphe Modifikation in Form eines braunen Pulvers. In seiner kristallisierten Modifikation sieht es fast schwarz aus und bildet glänzende Oktaeder oder Blättchen oder Tafeln, die sehr hart sind und Glas schneiden. Man gewinnt es in neuerer Zeit technisch durch Erhitzen von Siliziumdioxyd mit Kohle durch den elektrischen Flammenbogen, den man in dem Gemisch oder an seiner Oberfläche erzeugt. Die Kohleelektroden liegen dabei, um die Hitze zusammenzuhalten, zwischen Kalksteinblöcken, in denen eine Höhlung zur Aufnahme des Tiegels angebracht ist. Bei der hohen Temperatur des elektrischen Ofens entzieht der Kohlenstoff dem Siliziumdioxyd den Sauerstoff und setzt das Element in Freiheit. Ein Überschuß von Kohlenstoff muß dabei vermieden werden, weil sich sonst der Kohlenstoff mit dem frei gewordenen Silizium verbinden kann. Ebenso wird das Silizium aus Siliziumdioxyd und Kalziumkarbid im elektrischen Ofen dargestellt. Man benutzt es zur Wasserstoffdarstellung für Ballonfüllungen, da es mit Natronlauge nach folgender Gleichung reagiert:

$$Si + 4\,NaOH = Si(ONa)_4 + 2\,H_2$$

Von Säuren wird es nicht angegriffen, mit Ausnahme der Flußsäure, in der es sich unter Wasserstoffentwicklung auflöst. Mit Koks und Kochsalz im elektrischen Ofen geschmolzen, gibt es das Siliziumkarbid, SiC, auch Karborundum genannt. Wegen seiner großen Härte — es ist fast so hart wie der Diamant — fertigt man aus dem Karborund Schleifräder und Schleifsteine. Es ersetzt das Schmirgelpulver, ja sogar das Diamantpulver, mit dem die Diamanten geschliffen werden. Da es ein Leiter der Elektrizität ist, so macht man Heizröhren daraus, die nach dem Einlegen des zu erhitzenden Gegenstandes direkt mit der Stromquelle verbunden werden. Ebenso heizt man kleine Öfen zum Erhitzen von Tiegeln und Röhren mit Stäben aus Siliziumkarbid, die beim Stromdurchgang glühend werden. Trotzdem das Produkt aus zwei verbrennlichen Elementen besteht, verändert es sich beim Erhitzen an der Luft nicht. Auch Oxydationsmittel, wie schmelzendes Kaliumchlorat oder Salpeter, wirken nicht ein. Rauchende Salpetersäure und Flußsäure greifen es nicht an, nur schmelzendes Kaliumhydroxyd spaltet bei Luftzutritt allmählich in Karbonat und Silikat.

Das Siliziumdioxyd findet sich in der Natur in reinster Form als Bergkristall, der in völlig klaren und fehlerfreien Stücken ein sehr wertvolles Material für die Herstellung optischer Geräte ist. Durch geringe Beimengungen gefärbte Abarten sind der violette Amethyst, der gelbe Zitrin, der Rauchquarz. Achat, Karneol, Opal und Jaspis sind amorphe Formen des Siliziumdioxyds. Fast alle diese Steine sind Halbedelsteine, sie werden geschliffen und zu Schmuck verarbeitet. Aus Quarz und Opal besteht der Feuerstein, der infolge seiner

Härte und der Eigenschaft, beim Zerschlagen Stücke mit
scharfkantigem Bruch zu liefern, dem primitiven Menschen
der Steinzeit die Möglichkeit gab, Beile, Messer, Lanzenspitzen
zum Kampf gegen Mensch und Tier zu verfertigen, und der
ihm, mit Eisenkiesstücken geschlagen, den Funken lieferte,
aus dem die wärmende Flamme entstand. Als Festigungsmittel
wird das Siliziumdioxyd in Halmen und Gräsern gefunden.
Im Bambusrohr und im spanischen Rohr ist es enthalten und
wird, wenn das Rohr für feine Geflechte weich gemacht werden soll, mit Flußsäure herausgelöst. In den Vogelfedern
steckt es ebenfalls in Form von organischen Verbindungen
und kann in der Asche, die mitunter bis zu 77% Siliziumdioxyd enthält, nachgewiesen werden. Der Kieselgur ist nichts
anderes als das Überbleibsel von Kieselalgen, die sich mit
einem Panzer von Siliziumdioxyd umgaben, der zurückblieb,
als die organische Substanz längst verwest war. In der Lüne-
burger Heide gibt es beträchtliche Lager dieses Produktes,
das auch Infusorienerde genannt wird und das zu den verschiedensten Zwecken verwendet werden kann. Dadurch, daß
die kleinen hohlen Kieselpanzer sich mit Flüssigkeit füllen,
kann der Kieselgur Nitroglyzerin aufsaugen und den Dynamit
liefern. Kieselgur leitet ferner die Wärme und den Schall
schlecht. Deshalb ist er ein sehr gutes Isoliermaterial für
Dampfrohre, und als Zwischenschicht zwischen den Stahl-
platten der feuerfesten Geldschränke schützt er sie vor dem
Aufschweißen durch Einbrecher. Beim Hausbau dient er
schließlich bei der Herstellung schallsicherer Decken und
Wände.

Das Siliziumdioxyd ist erst im Knallgasgebläse schmelzbar.
Aus dem geschmolzenen Quarz lassen sich in der Knallgas-
flamme Röhren ziehen und Gefäße blasen genau wie aus Glas.
Die Quarzgeräte haben den großen Vorzug, daß sie von chemischen Agentien nur wenig angegriffen werden und daß sie
sehr schroffen Temperaturwechsel vertragen. Man kann ein
in der Flamme glühend gemachtes Quarzgefäß sofort in
Wasser eintauchen, ohne daß es springt.

Obwohl das Siliziumdioxyd ein Säureanhydrid ist, verbindet es sich nicht mit Wasser, wohl aber bildet es beim

Schmelzen mit Natriumhydroxyd oder mit Natriumkarbonat ein Natriumsalz, wobei es aus dem Karbonat das flüchtige Kohlendioxyd austreibt. Das Salz, das Natriumsilikat, auch Wasserglas genannt, ist in Wasser löslich. Man verwendet die Wasserglaslösung im Haushalt zum Kitten von Glas und Porzellan sowie zum Konservieren von Eiern, da sie die porösen, aus Kalziumkarbonat bestehenden Eierschalen dichter macht, so daß der Inhalt des Eis nach außen völlig abgeschlossen ist und fäulniserregende Bakterien nicht eindringen können. Theaterdekorationen schützt man durch einen Anstrich mit Wasserglaslösung, aus der sich beim Verdunsten Siliziumdioxyd als unverbrennlicher Überzug abscheidet, vor dem leichten Anbrennen.

Wird eine Wasserglaslösung mit Säure versetzt, so wird aus dem Salz die Kieselsäure frei gemacht, und es entsteht ein gallertartiger Niederschlag. Läßt man umgekehrt eine Wasserglaslösung in Säure einfließen, so fällt kein Niederschlag aus, obwohl auch in diesem Fall freie Kieselsäure vorhanden ist. Es ist unter diesen Versuchsbedingungen eine kolloidale Lösung entstanden.

Die kolloidalen Lösungen sind keine echten Lösungen, wie etwa eine Kochsalzlösung. Zunächst unterscheiden sie sich von den Lösungen der kristallisierenden Stoffe, der Kristalloide, dadurch, daß beim Eindunsten keine Abscheidung von Kristallen aus der gesättigten Lösung erfolgt; die Lösung wird vielmehr dickflüssig und zäh und trocknet schließlich zu einer hornartigen Masse ein, wie eine Lösung von Leim, von dessen griechischer Bezeichnung κόλλα der Name Kolloid abgeleitet ist. Weiter kann man Kolloide und Kristalloide voneinander unterscheiden und sogar trennen durch die Dialyse.

Bringt man in ein Gefäß, dessen Boden durch ein Stück Tierblase oder ein Stück Pergamentpapier gebildet wird, — einen Dialysator — oder in einen Schlauch aus Pergamentpapier — einen Dialysierschlauch — die kolloidale Lösung von Kieselsäure, die durch Zersetzen des Natriumsilikats entstand, und setzt das Ganze in ein großes Gefäß mit reinem Wasser, so kann die Kochsalzlösung, die durch die

Membran diffundiert, ausgewaschen werden, und die Kieselsäurelösung, die von der Membran zurückgehalten wird, ist
nach Beendigung der Dialyse frei von Salz. Zur Erklärung
dieser Erscheinung stellen wir uns vor, daß in dem Lösungsmittel das Kolloid in sehr feiner Verteilung suspendiert oder
aufgeschwemmt ist, und daß die einzelnen Teilchen durch die
Poren der Membran nicht durchkommen können. Dafür
spricht auch, daß man den Gang eines seitlich einfallenden
Lichtstrahls in einer kolloidalen Lösung verfolgen kann, da
das Licht an den einzelnen schwebenden Teilchen gebeugt
wird, so daß die Lösung im Bereich des Lichtstrahls trübe
aussieht, eine Erscheinung, die man als Tyndalleffekt bezeichnet. Man unterscheidet daher heute zwischen kristalloiden und kolloiden Substanzen nicht mehr so scharf wie
G r a h a m , der sich zuerst mit der Untersuchung der Kolloide beschäftigt hat, und der von „zwei Welten der Materie“ sprach, denn es besteht zwischen den Suspensionen,
den kolloidalen Lösungen, und den echten Lösungen ein kontinuierlicher Übergang, und die Erscheinungen, die man
früher als Unterscheidungsmerkmale betrachtete, sind durch
die verschiedene Größe der Teilchen bedingt.

Beim Durchgang des elektrischen Stroms verhalten sich
die kolloidalen Lösungen ganz anders als die Lösungen der
Kristalloide. In diesen wandern die entgegengesetzt geladenen
Ionen nach den beiden Elektroden, in jenen wird durch
einen starken Strom das Kolloid als Ganzes nach der einen
Elektrode, und zwar meist nach der Anode geführt und nach
dem Ausgleich seiner Ladung an dieser abgeschieden. Ebenso
kann durch Zusatz von Elektrolyten eine kolloidale Lösung
koaguliert oder ausgeflockt werden, weil die kolloidalen Teilchen entgegengesetzt geladene Ionen absorbieren, wodurch
die Ladung des kolloidalen Teilchens neutralisiert wird. Haben
die kolloidalen Teilchen aber keine Ladung mehr, so stoßen
sie sich auch nicht mehr gegenseitig ab, und die Ausflockung
tritt ein.

Für die kolloidalen Lösungen hat man die Bezeichnung
Sol, eine Abkürzung des lateinischen solutio = Lösung gewählt. Je nach dem Lösungsmittel unterscheidet man Hydro-

sole, die mit Wasser, oder Organosole, die mit organischen Lösungsmitteln hergestellt sind. Die abgeschiedene gelatinöse Masse wird als Gel oder als Hydrogel bezeichnet. Quillt ein abgeschiedenes Gel mit dem Lösungsmittel wieder auf und gibt wieder ein Sol, so handelt es sich um ein reversibeles Sol, anderenfalls ist das Sol irreversibel. Der Erkenntnis, daß man es bei dem kolloidalen Zustand mit einer sehr feinen Verteilung eines Stoffs in einem anderen zu tun hat, wird auch neuerdings durch eine andere Benennung Rechnung getragen. Den kolloidal verteilten Stoff nennt man disperse Phase, und das Lösungsmittel heißt richtiger Dispersionsmittel.

Die aus der Wasserglaslösung durch Säure abgeschiedene gallertartige Kieselsäure hat einen sehr wechselnden Wassergehalt, so daß sich eine einfache Formel dafür nicht aufstellen läßt. Nach dem Trocknen an der Luft ist sie ein feines, weißes Pulver, das in seiner Zusammensetzung ungefähr der Formel H_2SiO_3 entspricht. Durch Zusammentreten mehrerer Moleküle Kieselsäure unter Abspaltung von Wasser entstehen die Polykieselsäuren, die man noch nicht im freien Zustand isoliert hat, die aber als die Stammsubstanzen der zahlreichen Silikate zu betrachten sind.

Von den anderen Verbindungen des Siliziums seien noch die Wasserstoffverbindungen erwähnt, die Silane, die wenig beständig und teilweise selbstentzündlich sind. Im Chlorstrom erhitzt, verbindet sich Silizium mit diesem Element zu Siliziumtetrachlorid $SiCl_4$, einer farblosen Flüssigkeit, die mit Wasser in gallertige Kieselsäure und Salzsäure zerfällt. Die Fluorverbindung des Siliziums, das Siliziumfluorid SiF_4, ist ein Gas, das entsteht, wenn man Quarzsand mit Flußspat und Schwefelsäure erhitzt; mit Wasser zersetzt, gibt es gallertige Kieselsäure und Flußsäure, die sich mit einem weiteren Molekül Fluorid zu Kieselfluorwasserstoffsäure, SiF_6H_2, vereinigt.

Das Bor kommt ebenso wie das Silizium nicht frei vor, sondern als Borsäure. Diese findet sich gebunden in einigen Mineralien und frei in den Wasserdämpfen, die in vulkanischen Gegenden der Erde entströmen; besonders bekannt sind die Fumarolen und Soffionen in der Gegend von Toskana, wo beträchtliche Mengen von Borsäure gewonnen werden. Aus der Borsäure kann das Bor durch Reduktion mit Magnesium dargestellt werden. Die Borsäure, der die Formel $B(OH)_3$ zukommt, wird zunächst geschmolzen. Dabei verliert sie Wasser und geht in ihr Anhydrid über:

$$2\,B(OH)_3 = 3\,H_2O + B_2O_3$$
Borsäureanhydrid

Dem Anhydrid entzieht das Magnesium den Sauerstoff, mit dem es sich zu Magnesiumoxyd verbindet, und Bor wird frei. Von den Verbindungen des Bors hat nur die Borsäure praktische Bedeutung. Sie ist fest und kristallisiert in glänzenden Blättchen, die sich in kaltem Wasser schwer lösen. Verdünnte Lösungen von Borsäure werden medizinisch als Gurgelwasser und zu Umschlägen verwendet. In festem Zustand dient sie als Streupulver gegen starke Schweißabsonderung. Als Konservierungsmittel für Fleisch wird sie ebenfalls benutzt. Sie wirkt aber nur unvollkommen, da sie zwar die Fäulnis und den damit verbundenen schlechten Geruch des Fleisches nicht aufkommen läßt, die Bakterien aber, die das Wurstgift erzeugen, nicht zu töten vermag. Beim Erhitzen auf 100^0 geht die Borsäure unter Abgabe eines Moleküls Wasser in die Metaborsäure HBO_2 über; bei 140^0 spalten sich aus vier Molekülen Borsäure fünf Moleküle Wasser ab,

$$4B(OH)_3 = 5\,H_2O + H_2O_4B_7$$
Tetraborsäure

und es entsteht die Tetraborsäure. Ihr Natriumsalz ist der Borax $Na_2B_4O_7$, der aus dem Wasser einiger Seen Kaliforniens und Tibets durch Eindampfen gewonnen und als Tinkal in den Handel gebracht wird. Beim Erhitzen schmilzt der Borax zu einer glasigen Masse, die Metalloxyde aufzulösen vermag. Man verwendet ihn deshalb beim Löten von Metallen, um die Lötstellen von Oxyden zu reinigen, da nur blankes Metall das Lot annimmt. In wässerigen Lösungen ist der Borax als Salz einer schwachen Säure hydrolytisch gespalten und reagiert alkalisch. Er dient daher auch als Ersatz für Seife und als Waschmittel. In neurer Zeit hat man durch Zusammenbringen von Borax mit Wasserstoffsuperoxyd oder Natriumsuperoxyd oder auch durch Elektrolyse sodahaltiger Natriumboratlösungen eine Reihe von Wasch- und Desinfektionsmitteln hergestellt, die als Perborate in den Handel gebracht werden.

XVI. Das periodische System.

Wenn wir die Atomgewichte der bisher besprochenen Elemente betrachten, so finden wir, daß es möglich ist, Gruppen zu bilden, deren Glieder in ihren Eigenschaften sehr ähnlich sind, und bei denen die Differenz der Atomgewichte zwischen je zwei Elementen annähernd gleich ist. In der Gruppe Chlor, Brom, Jod ist die Differenz Br—Cl 44 und J—Br 47. In der Gruppe Schwefel, Selen, Tellur unterscheiden sich die Atomgewichte von Schwefel und Selen um 47, Selen und Tellur um 48 voneinander. Das Atomgewicht des Phosphors ist um 44 Einheiten kleiner als das des Arsens und dieses wieder um 46 kleiner als das des Antimons. Andererseits können wir aus der Atomgewichtstabelle Gruppen von Elementen zusammenstellen, deren Atomgewichtszahlen sich nur um ganz geringe Beträge unterscheiden und die sich in ihrem chemischen Verhalten ebenfalls stark ähneln. So bilden Eisen mit 55,8, Kobalt mit 59 und Nickel mit 58,7 eine solche Gruppe, und zwei weitere ergeben sich aus den Platinmetallen, d. h. aus den Metallen, die dem Platin ähnlich sind und es bei seinem Vorkommen in der Natur begleiten. Solche Betrachtungen hat schon im Jahre 1829 Döbereiner angestellt und danach die Elemente in Gruppen, die er Triaden nannte, einzuteilen versucht. Schon damals kam man zu dem Schluß, daß diese zahlenmäßigen Beziehungen nicht zufällig sein könnten, sondern daß ein Zusammenhang zwischen Atomgewicht und chemischem Verhalten bestehen müsse. Noch deutlicher trat dies zutage, als 1869 Lothar Meyer und Mendelejeff die Elemente nach dem Atomgewicht in einer Reihe anordneten. Sie begannen, indem sie vom Wasserstoff absahen, mit dem

Lithium und fanden, daß sich mit steigendem Atomgewicht die Eigenschaften der Elemente allmählich änderten. Das Anfangsglied der Reihe, das Lithium, war stark elektropositiv, d. h. es bildet Kationen, und seine Sauerstoffverbindung ist ein Basenanhydrid. Dieser Charakter ging bei den folgenden Gliedern immer mehr verloren und schlug sogar in das Gegenteil um, denn das Fluor, das siebente Glied, war stark elektronegativ, denn seine Wasserstoffverbindung ist eine Säure und es bildet ein Anion. Das nächste Element in der Reihe aber, das Natrium, war wieder stark elektropositiv, stand in seinem sonstigen Verhalten in krassem Gegensatz zum Fluor und zeigte Ähnlichkeit mit dem Anfangsglied, dem Lithium. Deshalb brach man die Reihe ab und begann mit dem Natrium eine neue, deren Glieder genau wieder die gleichen Regelmäßigkeiten zeigten wie die der ersten. Auch hier kam man vom positiven Natrium zum negativen Chlor, auf das wieder das positive Kalium folgte, das abermals zum Abbruch der Reihe nötigte. So entstanden schließlich zwei kurze und vier lange Reihen oder Perioden, innerhalb derer die Elemente eine allmähliche Änderung der Eigenschaften zeigten, während in den Vertikalreihen, die durch das Übereinanderstellen der horizontalen Reihen sich ergaben, einander ähnliche Elemente standen. So gestaltete sich das periodische System. In der folgenden *Tabelle* sind die langen Perioden abgeteilt, so daß in den Vertikalreihen jeweils links eine Hauptgruppe und rechts eine Nebengruppe sich findet. Das von Lothar Meyer und Mendelejeff aufgestellte System wies damals noch eine große Anzahl Lücken auf, Plätze für noch aufzufindende Elemente; heute ist die Mehrzahl dieser Lücken ausgefüllt, und durch die Entdeckung der Edelgase ist eine ganze neue Vertikalreihe gebildet worden, die o-Gruppe, da die in ihr stehenden Edelgase keine Valenz zeigen und sich mit keinem anderen Stoff verbinden. In den anderen Reihen steigt die Wertigkeit oder Valenz gegen den Sauerstoff von links nach rechts an bis zur Achtwertigkeit, die bei den Platinmetallen erscheint. Die Wertigkeit gegen Wasserstoff dagegen steigt nur an bis zur vierten Gruppe, um dann wieder zu fallen, so daß von den Elementen in der achten Gruppe Wasser-

Periodisches System der Elemente.

1 H 1,008

Gruppe	0	I a	I b	II a	II b	III a	III b	IV a	IV b	V a	V b	VI a	VI b	VII a	VII b	VIII
1. Periode	2 He 4,00	3 Li 6,94		4 Be 9,02			5 B 10,82		6 C 12,00		7 N 14,008		8 O 16,00		9 F 19,00	
2. Periode	10 Ne 20,2	11 Na 22,997		12 Mg 24,32			13 Al 26,97		14 Si 28,06		15 P 31,92		16 S 32,06		17 Cl 35,475	
3. Periode	18 Ar 39,94	19 K 39,104		20 Ca 40,07		21 Sc 45,10		22 Ti 47,90		23 V 50,95		24 Cr 52,01		25 Mn 54,93		26 Fe 55,84 27 Co 58,94 28 Ni 58,69
			29 Cu 63,57		30 Zn 65,38		31 Ga 69,72		32 Ge 72.60		33 As 74,96		34 Se 79,2		35 Br 79,916	
4. Periode	36 Kr 82,9	37 Rb 85,45		38 Sr 87,63		39 Y 88,93		40 Zr 91,22		41 Nb 93,5		42 Mo 96,0		43 [Ma]		44 Ru 101,07 45 Rh 102,9 46 Pd 106,7
			47 Ag 107,880		48 Cd 112,41		49 In 114,8		50 Sn 118,70		51 Sb 121,76		52 Te 127,5		53 J 126,93	
5. Periode	54 X 130,2	55 Cs 132,81		56 Ba 137,36		57—71 S. E.[1]		72 Hf 178,6		73 Ta 181,5		74 W 184,0		75 [Re]		76 Os 190,09 77 Ir 193,1 78 Pt 195,23
			79 Au 197,2		80 Hg 200,61		81 Tl 204,39		82 Pb 207,21		83 Bi 209,00		84 Po		85 — —	
6. Periode	86 Em 222	87 — —		88 Ra 225,97		89 Ac		90 Th 232,12		91 Pa		92 U 238,14				

[1] Metalle der seltenen Erden: 57 La 138,90 58 Ce 140,13 59 Pr 140,92 60 Nd 144,27 61 — — 62 Sm 150,43 63 Eu 152 64 Gd 157,3 65 Tb 159,2 66 Dy 162,46 67 Ho 163,5 68 Er 167,64 69 Tu 169,4 70 Yb 173,5 71 Cp 175,0

stoffverbindungen nicht gebildet werden. In den Horizontalreihen geht, wie bereits erwähnt, der elektrochemische Charakter von positiv nach negativ über, in den Vertikalreihen ändert er sich derart, daß von oben nach unten auf der positiven Hälfte der elektropositive Charakter zunimmt, während auf der negativen Hälfte der elektronegative Charakter abnimmt. So bildet z. B. in der fünften Gruppe das oberste Element, der Stickstoff, mit dem Sauerstoff das Stickstoffpentoxyd, eine Verbindung, die das Anhydrid der Salpetersäure, einer starken Säure ist, während die Sauerstoffverbindung des Wismuts, des untersten Elementes der Gruppe, rein basischen Charakter hat. Man schloß aus dieser Regelmäßigkeit, daß die Eigenschaften der Elemente tatsächlich im Zusammenhang ständen mit den Atomgewichten, daß sie periodische Funktionen der Atomgewichte seien und daß sich aus der Stellung eines Elementes im periodischen System sein chemisches Verhalten ergebe. Mendelejeff konnte sogar, und das war der Triumph des periodischen Systems, aus den Stellen der Lücken die Eigenschaften dreier noch unbekannter Elemente voraussagen, die diese Lücken füllen sollten, und diese Voraussage hat sich, als die Elemente gefunden wurden, glänzend bestätigt. Daneben bestanden allerdings auch kleine Differenzen, insofern als einzelne Elemente nach ihrem Atomgewicht an Stellen kamen, an die sie nach ihren Eigenschaften nicht paßten. So wäre das Jod nach seinem Atomgewicht in die Sauerstoffgruppe, das Tellur zu den Halogenen gekommen, was nach ihrem chemischen Verhalten unmöglich ist. Diese Unstimmigkeiten sind in neuerer Zeit behoben worden durch die Erweiterung unserer Kenntnisse vom Wesen der Atome. Früher glaubte man, daß das Atom eine kompakte Masse sei, heute nehmen wir nach einer Theorie von Rutherford an, daß jedes Atom ein kompliziertes Gebilde ist, bestehend aus einem positiv geladenen Kern, um den auf bestimmten Bahnen Elektronen, das sind Elektrizitätsatome, kreisen, die negativ sind und in ihrer Gesamtheit den Kern neutralisieren, so daß das Atom nach außen elektrisch neutral erscheint. Mit komplizierten Methoden, die hier nicht erörtert werden können, hat man die Kernladungszahl und die damit in unmittelbarer Beziehung stehende Ordnungszahl der Elemente unabhängig vom Atomgewicht ermittelt, während sie bis dahin nur durch die auf dem Atomgewicht beruhende Anordnung im periodischen System gegeben war. Dabei hat sich herausgestellt, daß die so gefundene Anordnung mit der des periodischen Systems im wesentlichen übereinstimmt. Da, wo sie von ihr abweicht, beseitigt sie die oben erwähnten Unstimmigkeiten, die bei der Anordnung nach dem Atomgewicht sich herausstellen, und bringt die Elemente an den Platz, an den sie nach ihrem chemischen Verhalten gehören. Wir können heute sagen, daß die Eigenschaften der Elemente nicht periodische Funktionen der Atomgewichte, sondern der Ordnungszahlen und der Kernladung ihrer Atome sind.

XVII. Die Metalle.

Die Metalle, zu deren Betrachtung wir jetzt übergehen, haben eine Anzahl von physikalischen und chemischen Eigenschaften gemeinsam, die, um Wiederholungen zu vermeiden, vorweg besprochen werden sollen.

Zunächst sind die Metalle undurchsichtig und besitzen, da sie namentlich an glatten Flächen das Licht reflektieren, Metallglanz, der allerdings hauptsächlich an kompakten Stücken wahrgenommen wird. In feiner Verteilung sehen die Metalle meist schwarz aus, abgesehen von Magnesium und Aluminium, die auch in Pulverform den Metallglanz noch zeigen. Mit Ausnahme des gelben Goldes und des roten Kupfers ist die Farbe der Metalle gewöhnlich weiß.

Besonders charakteristisch ist für die Metalle die Leitfähigkeit für den elektrischen Strom. Die Metalle sind Leiter erster Klasse, im Gegensatz zu den Lösungen, die als Leiter zweiter Klasse gelten. Der elektrische Strom wird von den Metallen geleitet, ohne daß dabei ein Transport von Materie oder eine Zersetzung stattfindet, während in den Lösungen der Stromdurchgang mit einer Zerlegung des Elektrolyten verbunden ist. Bei den Lösungen wird die Leitfähigkeit mit steigender Temperatur größer, während sie bei den Metallen mit sinkender Temperatur wächst. Diese Eigenschaften sind verknüpft mit dem Bestehen des festen oder flüssigen Zustandes. Wird ein Metall verdampft, so leitet der Dampf, der sich mit jedem Gas mischt, den Strom nicht mehr und ist durchsichtig.

Auch für die Wärme sind die Metalle gute Leiter. Sie fühlen sich kalt an, weil sie die ihnen mitgeteilte Wärme rasch fortleiten und dadurch der sie berührenden Hand Wärme entziehen. Ihre spezifische Wärme, d. h. die Wärmemenge, die erforderlich ist, um 1 g um einen Grad in der Temperatur zu erhöhen (vgl. S. 39), ist gering. Für die meisten Metalle gilt die von Dulong und Petit aufgefundene Regel, daß das Produkt aus spezifischer Wärme und Atomgewicht, die sogenannte Atomwärme, konstant ungefähr 6,4 ist. Bestimmt man also, was mit geeigneten physikalischen Methoden nicht schwer ist, die spezifische Wärme eines Metalls, so kann man durch Division der Zahl 6,4 mit diesem Wert das Atomgewicht des Metalls in großer Annäherung finden. Man kann auf diese Weise entscheiden, ob das auf analytischem Wege gefundene Äquivalentgewicht eines Metalls bereits auch das Atomgewicht ist oder ein Bruchteil desselben. In Lösungen bilden die Metalle positiv geladene Ionen, die bei der Elektrolyse zur Kathode wandern, wo das Metall in elementarem Zustand abgeschieden wird. Die Neigung, in den Ionenzustand überzugehen, ist bei den einzelnen Metallen verschieden groß. Ihr Betrag läßt sich mit elektrischen Methoden messen, und man kann daher die Metalle und den Wasserstoff nach ihrer Neigung, elektrische Ladungen anzunehmen, oder nach ihrer Elektroaffinität in folgende Reihe ordnen:
Li K Ba Na Mg Mn Zn Fe Ni Pb Sn H Cu Ag Hg Au.
In dieser Reihe kann jedes Element dem Ion des ihm folgenden die elektrische Ladung entziehen und seine Abscheidung im elementaren Zustand herbeiführen. Wir haben von dieser Gesetzmäßigkeit bereits Gebrauch gemacht bei der Wasserstoffentwicklung und, da es eine ähnliche Reihe auch bei den

Metalloiden gibt, bei der Darstellung von Brom und Jod, die durch Chlor elementar abgeschieden werden. Im geschmolzenen Zustand sind die meisten Metalle miteinander mischbar, und aus der gemeinsamen Schmelze entsteht beim Erstarren die Legierung, die sich von den Metallen, die zu ihrer Herstellung verwendet wurden, oft sehr stark unterscheidet. Ob in einer solchen Legierung die Metalle unverändert nebeneinander existieren, ob Mischkristalle entstanden sind, oder ob sich Verbindungen gebildet haben, ist schwer zu entscheiden, zumal da alle drei Fälle gleichzeitig eingetreten sein können. Durch spezielle Methoden der thermischen Analyse hat man in neuerer Zeit versucht, über das Wesen der Legierungen Aufschluß zu erhalten, aber es ist noch nicht gelungen, die Fragen, die hier bestehen, völlig zu klären.

Das spezifische Gewicht der Metalle ist sehr verschieden. Metalle, deren spezifisches Gewicht kleiner ist als 5, betrachtet man als Leichtmetalle, die anderen als Schwermetalle.

XVIII. Die Alkalimetalle und das Ammonium.

Als Alkalimetalle werden die in der ersten Hauptgruppe des periodischen Systems stehenden Metalle Lithium, Natrium, Kalium, Rubidium und Zäsium bezeichnet. Die wichtigsten von ihnen sind Natrium und Kalium.

Natrium.

Die wichtigste Verbindung des Natriums, das frei nicht vorkommt, ist das Natriumchlorid oder das Kochsalz. Es findet sich sowohl im Meerwasser als auch in vielen Mineralwässern und in Salzsolen. Als Steinsalz bildet es große Lager, von denen die bei Staßfurt und Wieliczka in Galizien die bedeutendsten sind. Dort wird das Steinsalz zunächst bergmännisch abgebaut und dann, da es in dem Zustand, in dem es gefördert wird, meist nicht verwendbar ist, durch Auflösen und Kristallisation gereinigt. Aus dem Meerwasser ge-

winnt man Kochsalz in warmen Ländern mit den sogenannten Salzgärten, großen abgedämmten Bassins, in die man das
Seewasser einlaufen und durch die Sonnenwärme verdunsten
läßt, wobei sich zuerst Kochsalz abscheidet. Salzsolen, die der
Erde entströmen und gewöhnlich ziemlich verdünnt sind, läßt
man in Gradierwerken über Dornreisig, das zu hohen Wänden aufgeschichtet ist, herabrinnen. Durch die große Oberfläche, die die Flüssigkeit der Luft bietet, verdunstet ein Teil,
und die Lösung wird soweit konzentriert, daß sie jetzt bis zur
Kristallisation eingedampft werden kann. Das rohe Kochsalz,
das gewöhnlich noch Natriumsulfat, Kalziumchlorid und
Magnesiumchlorid enthält, wird durch das Salzsieden gereinigt. Man löst es zu diesem Zweck in der erforderlichen
Menge Wasser auf und dampft die Lösung ein, wobei sich
das Kochsalz in dem Maße ausscheidet, wie das Wasser verdampft. Die Kristallisation aus heißgesättigten Lösungen, wie
man sie sonst zur Reinigung anwendet, ist beim Kochsalz
nicht möglich, da seine Löslichkeit in Wasser bei gewöhnlicher Temperatur und bei Siedehitze annähernd gleich ist.
Schlecht gereinigtes Kochsalz enthält noch kleine Mengen von
Magnesiumchlorid und Magnesiumsulfat, die aus der Luft
Feuchtigkeit anziehen, wodurch das Salz zusammenbackt.

Beim Erhitzen mit Schwefelsäure auf hohe Temperatur
entsteht, wie wir früher sahen, aus dem Kochsalz unter
gleichzeitiger Bildung von Salzsäure Natriumsulfat. Wird dieses Salz, das nach seinem Entdecker auch Glaubersalz heißt,
aus Wasser kristallisiert, so enthält es zehn Moleküle Kristallwasser, was man mit der Formel $Na_2SO_4 + 10\,H_2O$ ausdrückt. Die Elemente des Wassers stehen also mit dem Salz
in chemischer Verbindung und die Menge des Wassers ist
dem Gesetz der Verbindungsgewichte unterworfen. Beim Erwärmen entweicht das Kristallwasser entweder als Dampf in
die Luft, oder die Salze schmelzen in ihrem Kristallwasser,
wie es auch beim Glaubersalz geschieht. Bei weiterem Erhitzen verdampft auch hier das Kristallwasser, und das
wasserfreie Salz bleibt zurück. Das Natriumsulfat dient in
der Heilkunde als Abführmittel und ist technisch ein wich-
tiges Zwischenprodukt bei der Sodafabrikation.

Schmilzt man Natriumsulfat mit Kohle und Kalkstein zusammen, so entsteht daraus in letzter Linie Natriumkarbonat oder Soda und Kalziumsulfid. Die Kohle nimmt zuerst dem Sulfat den Sauerstoff und reduziert es zu Sulfid. Das Sulfid setzt sich mit dem Kalkstein um zu Natriumkarbonat und Kalziumsulfid nach folgenden Gleichungen:

$$Na_2SO_4 + 4\,C = 4\,CO + Na_2S$$
$$\text{Natriumsulfid}$$
$$Na_2S + CaCO_3 = Na_2CO_3 + CaS$$
$$\text{Kalkstein} \qquad\qquad \text{Calciumsulfid}$$

Die Schmelze wird dann mit Wasser ausgelaugt, wobei die Soda in Lösung geht, während das schwerlösliche Kalziumsulfid ungelöst bleibt. Aus der Lösung kann dann die Soda durch Auskristallisieren gewonnen werden. Auf dieses Verfahren erhielt im Jahre 1791 der französische Arzt Leblanc ein Patent, und danach produzierte er in einer Fabrik, zu der ihm der Herzog von Orléans das Geld gegeben hatte, Soda, für die damals schon ein beträchtlicher Bedarf bestand. Sie wurde nämlich in der Seifensiederei gebraucht zur Herstellung der zur Verseifung der Fette erforderlichen Lauge. Für die Bereitung dieser Lauge war man entweder auf die Barilla angewiesen, das war die Asche von Seepflanzen, die besonders an der Küste von Nordspanien hergestellt wurde und die mitunter recht schlecht war, da sie gelegentlich nur 5% Soda enthielt, oder man mußte Holzasche verwenden, die Kaliumkarbonat, die sogenannte Pottasche, enthielt. Als aber in den Revolutionskriegen in Frankreich alle Pottasche auf Salpeter für Schießpulver verarbeitet wurde und die Zufuhr von Tangasche durch die englischen Kriegsschiffe gesperrt war, da folgte Leblanc im Jahre 1794 der Aufforderung des Wohlfahrtsausschusses, alle bis dahin aufgefundenen Verfahren zur Sodafabrikation bekanntzugeben, und stellte seine Fabrik gegen eine geringe Entschädigung zur Verfügung. Erst im Jahre 1799 erhielt er seine Fabrik zurück, konnte sie aber aus Mangel an Geld nicht wieder in Betrieb setzen, so daß er in Not geriet und im Jahre 1806 schließlich im Armenhaus durch Selbstmord endete. Acht Jahre später wurde sein Verfahren von den Engländern aufgenommen und zu einer

blühenden Industrie entwickelt. Allerdings mußte die Soda
anfangs in London verschenkt werden, um den Seifensiedern
die Barilla abzugewöhnen, als sie aber merkten, daß sich mit
dem neuen Präparat viel sicherer und besser arbeiten lasse als
mit der unzuverlässigen Barilla, da nahmen sie sogar die
rohen Schmelzen und laugten sie selber aus. Nachdem so die
Soda erst in England festen Fuß gefaßt hatte, kam ihre
Fabrikation auch in Deutschland auf, und zwar zuerst im
Jahre 1830 in einer Fabrik in Schönebeck an der Elbe. Zwei
Schwierigkeiten gab es bei dem Leblanc-Prozeß zu über-
winden. Zunächst wußte man mit der Salzsäure, die bei der
Umsetzung des Natriumchlorids mit Schwefelsäure entstand,
nichts anzufangen, bis man sie auf Chlor und Chlorkalk zu
verarbeiten lernte. Gar nicht zu verwenden war aber das Kalziumsulfid, das man in England zuerst auf das Meer hinaus-
fuhr, um es dort zu versenken. Es war nämlich nicht möglich,
das Produkt auf Halden liegen zu lassen wegen der Entwicklung von Schwefelwasserstoff, die eintrat, wenn es naß wurde
und wenn das Kohlendioxyd der Luft darauf einwirkte. Heute
zersetzt man das Kalziumsulfid mit Kohlendioxyd und verbrennt den Schwefelwasserstoff zu Schwefel und Schwefeldioxyd. Außerdem oxydiert man es an feuchter Luft zu Kal-
ziumthiosulfat, aus dem sich das Natriumthiosulfat machen
läßt, das wir bereits als Derivat der Thioschwefelsäure kennengelernt haben.

In der zweiten Hälfte des 19. Jahrhunderts, nach dem
Jahre 1860, hat ein anderes Verfahren dem Leblanc-Prozeß
starke Konkurrenz gemacht und es heute fast ganz zurückgedrängt, nämlich das Ammoniak-Sodaverfahren oder der
Solvay-Prozeß. Bei diesem Verfahren werden Kohlendioxyd
und Ammoniakgas in eine Kochsalzlösung eingeleitet, wodurch sich zunächst saures Ammoniumkarbonat bildet:

$$NH_3 + CO_2 + H_2O = NH_4HCO_3$$
saures Ammoniumkarbonat

Dieses setzt sich mit Kochsalz zu saurem Natriumkarbonat
und Ammoniumchlorid um:

$$NH_4HCO_3 + NaCl = NaHCO_3 \qquad\qquad + NH_4Cl$$
saures Natriumkarbonat Ammoniumchlorid

weil das Natriumbikarbonat — ein anderer Name für das
saure Salz — schwerlöslich ist und sich abscheidet. Durch
Erhitzen des sauren Salzes erhält man schließlich die Soda:

$$2\,NaHCO_3 = Na_2CO_3 + H_2O + CO_2$$

Das dabei freiwerdende Kohlendioxyd geht in den Betrieb zurück. Das verbrauchte Kohlendioxyd wird ersetzt durch Brennen von Kalkstein, wobei gebrannter Kalk entsteht, der nach
dem Löschen zur Darstellung von Ammoniak aus Chlorammonium, das gleichfalls im Betrieb abfällt, dienen kann. Die
Soda wird ohne Auslaugen und direkt rein erhalten, außerdem ist das saure Natriumkarbonat, das auch noch doppelt-
kohlensaures Natron genannt wird, ein wertvolles Nebenprodukt. In der Heilkunde wird es zur Neutralisation überschüssiger Magensäure verordnet und geht hier auch als
Bullrichs Salz. Ferner ist es ein Bestandteil der Brausepulver
und der Backpulver. Die Soda kristallisiert mit zehn Molekülen Kristallwasser, die sie bei gewöhnlicher Temperatur
schon teilweise abgibt, sie „verwittert" an der Luft. Sowohl
im Haushalt als auch in der Technik, besonders in der Glas-
und Seifenindustrie, werden beträchtliche Mengen Soda verbraucht.

Ein großer Teil wird auf Natriumhydroxyd verarbeitet, und
zwar noch nach dem gleichen Verfahren, nach dem die
Seifensieder von jeher ihre Lauge herstellten, nämlich durch
Umsetzen einer Sodalösung mit gelöschtem Kalk, der Hydroxylverbindung des Elementes Kalzium, im Sinne der Gleichung:

$$Na_2CO_3 + Ca(OH)_2 = CaCO_3 + 2\,NaOH$$

Das Kalziumhydroxyd vermag hier das Natriumhydroxyd, obwohl dieses eine stärkere Base ist, aus seinem Salz zu verdrängen, weil das Kalziumion mit den Karbonationen eine
schwerlösliche Verbindung, das Kalziumkarbonat, gibt. Nach
dem Abfiltrieren des Kalziumkarbonats und dem Eindampfen
der Lösung hinterbleibt das Natriumhydroxyd als weiße
Masse, die geschmolzen und in Stangen gegossen wird, in
welcher Form das Präparat dann in den Handel kommt.

Heute wird Natriumhydroxyd auch elektrolytisch gewonnen. Man elektrolysiert Kochsalzlösung und trennt die Elektroden durch ein Diaphragma, das ist eine poröse Wand, die dem Strom den Durchgang gestattet, aber verhindert, daß das an der Anode entstehende Chlor mit dem aus dem Natrium und dem Lösungswasser an der Kathode sich bildenden Natriumhydroxyd zusammenkommt. Die Lösung kann dann in der oben abgegebenen Weise konzentriert oder auf festes Natriumhydroxyd verarbeitet werden. Das Natriumhydroxyd ist eine sehr starke Base, die praktisch viel verwendet wird, so in der Seifenfabrikation — daher der Name Seifenstein —, in der organischen Chemie zu Natronschmelzen, ferner bei der Gewinnung von Zellulose aus Holz und Stroh. Außerdem wird durch Neutralisation der elektrolytisch gewonnenen Natriumhydroxydlösung mit Kohlendioxyd die Elektrolytsoda gemacht.

Aus dem Natriumhydroxyd kann man schließlich das metallische Natrium darstellen. Entweder läßt man geschmolzenes Natriumhydroxyd auf glühende Kohlen tropfen, wobei der Kohlenstoff den Sauerstoff bindet, so daß das Natrium frei wird und abdestilliert, oder man zersetzt das geschmolzene Natriumhydroxyd durch den elektrischen Strom, wobei das Natrium sich an der aus Eisen bestehenden Kathode ansammelt und abgeschöpft wird. Das metallische Natrium ist ein weißes, silberglänzendes Metall, das das Wasser zersetzt, sich an der Luft durch die Feuchtigkeit und den Sauerstoff sofort verändert und daher auch seine blanke Oberfläche sofort verliert. Man hebt es, um es vor der Luft zu schützen, unter Petroleum auf. Es schmilzt bei 97^0, ist weich und läßt sich mit dem Messer schneiden. Durch feine Öffnungen läßt es sich durch den nötigen Druck zu dünnem Draht hindurchpressen. Beim starken Erhitzen an der Luft verbrennt es zu Natriumoxyd Na_2O und Natriumsuperoxyd Na_2O_2. Man benutzt das metallische Natrium, um andere Metalle aus ihren Oxyden oder aus den Chloriden abzuscheiden, außerdem dient es in der organischen Chemie als gutes Reduktionsmittel.

Kalium.

Dem Natrium gleicht in seinem chemischen Verhalten ziemlich weitgehend das Kalium. Die Ähnlichkeit zwischen beiden hat dazu geführt, daß man manche Verbindungen der beiden Elemente, z. B. die kohlensauren Salze, für identisch hielt. Erst im 18. Jahrhundert erkannte man den Unterschied zwischen dem Natriumkarbonat, das man mineralisches Alkali nannte, und dem Kaliumkarbonat, das man aus Pflanzenasche erhielt und das man deshalb als vegetabilisches Alkali bezeichnete. Die Pflanzenasche war dann zunächst auch das Ausgangsmaterial für die Gewinnung der Kaliumverbindungen, in erster Linie der Pottasche, die man durch Auslaugen der Holzasche mit Wasser und Eindampfen der Lösung und Glühen des Rückstandes in Töpfen (Pot) darstellte. Jetzt wird das Produkt, dessen wissenschaftlicher Name Kaliumkarbonat ist und das durch die Formel K_2CO_3 ausgedrückt wird, in einem dem Leblanc-Prozeß nachgebildeten Verfahren aus Kaliumchlorid oder Kaliumsulfat technisch gewonnen. Es ähnelt in seinem Verhalten der Soda sehr stark, unterscheidet sich aber von ihr darin, daß es an der Luft Wasser anzieht und zerfließt. Das Ausgangsmaterial für die Fabrikation der Pottasche entnehmen wir heute den Salzlagern der norddeutschen Tiefebene, von denen die bei Staßfurt am bekanntesten sind. Dort lagern die Kaliumsalze über den Natriumsalzen, so daß man sie abräumen mußte, um zu dem Kochsalz zu gelangen. Daher rührt der Name Abraumsalze, der jetzt nicht mehr berechtigt ist, da die früheren Abraumsalze heute wertvoller sind als das Chlornatrium, das man beim Abbau der Abraumsalze wieder in die Grube schafft, um Hohlräume auszufüllen. Besonders reichlich findet sich hier der Karnallit, der aus Kaliumchlorid und Magnesiumchlorid besteht und der durch Spaltung mit Wasser bei höherer Temperatur auf Chlorkalium verarbeitet wird. Das Chlorkalium, KCl, das mineralisch als Sylvin jedoch nur in geringeren Mengen sich findet, ist ein wertvolles Düngemittel. Das gleiche gilt von dem Salz der Schwefelsäure, dem Kaliumsulfat, K_2SO_4, das als Kainit in den Abraumsalzen vertreten ist.

Ebenfalls als Düngemittel kommt das Salz der Salpetersäure, das Kaliumnitrat, oder Salpeter, KNO_3, in Betracht.
Hinsichtlich dieses Salzes war man früher ausschließlich auf
das Ausland angewiesen. Man erhielt es aus dem Natriumnitrat, dem Chilesalpeter, indem man heißgesättigte Lösungen
dieses Salzes mit gesättigten Chlorkaliumlösungen zusammen-
goß. Da das Natriumchlorid in der Hitze und in der Kälte
in Wasser ungefähr gleich löslich ist, so schied sich aus der
Lösung, die die Ionen Na˙, NO_3′, K˙ und Cl′ enthielt und die
an Kochsalz übersättigt war, dieses schon in der Hitze aus,
während der in der Hitze leichtlösliche Salpeter erst beim
Erkalten auskristallisierte. Der so gewonnene Salpeter wurde
Konversionssalpeter genannt. Vor Einführung dieses Verfahrens, das etwa hundert Jahre alt ist, machte man Salpeter
in den Salpeterplantagen. Stickstoffhaltige organische Substanzen wurden mit Kalk, Holzasche oder anderen kalium-
haltigen Stoffen auf Haufen oder in Gruben geschüttet und
der Verwesung überlassen. Unter Mitwirkung von Bakterien
bildeten sich dann die salpetersauren Salze des Kaliums und
des Kalziums. Letzteres wurde mit Pottasche zerlegt, wobei
das Kalzium als kohlensaurer Kalk abgeschieden wurde. Den
Salpeter reinigte man durch Umkristallisieren. Jetzt erhält
man ihn durch Neutralisation der aus Luftstickstoff darge-
stellten Salpetersäure (vgl. S. 95). Da der Salpeter leicht
Sauerstoff abgibt und verbrennliche Stoffe sehr lebhaft oxydiert, spielte er früher bei der Schießpulverfabrikation eine
wichtige Rolle. Das Schießpulver bestand aus 75% Salpeter,
15% Kohle und 10% Schwefel. Bei der Explosion des Pulvers verbrennt die Kohle auf Kosten des Salpeterstickstoffs
zu Kohlendioxyd, Stickstoff wird frei, das Kalium tritt mit
dem Schwefel zu Kaliumsulfid zusammen. Neben dem festen
Kaliumsalz, das den Rauch bildet, entwickeln sich also zwei
Gase, die namentlich bei der hohen Temperatur der Explosion
einen großen Raum einnehmen gegenüber dem kleinen Volumen
der Patrone. Der Druck, der dadurch entsteht, treibt das Ge-
schoß fort. Heute ist das alte Schwarzpulver durch das rauch-
lose Pulver, das beim Verbrennen nur gasförmige Produkte liefert und deshalb eine größere Triebkraft hat, völlig verdrängt.

Auch das Kaliumchlorat, $KClO_3$, das, wie wir früher sahen, aus Chlor und heißer Kalilauge (Lösung von Kaliumhydroxyd) entsteht, hat man, da es noch leichter Sauerstoff abgibt als der Salpeter, bei der Pulverfabrikation zu verwenden gesucht, jedoch nicht mit dem gewünschten Erfolg, da die mit ihm hergestellten Pulvermischungen zu wenig handhabungssicher waren. Erst in neuerer Zeit hat man wieder auf die Chloratsprengstoffe zurückgegriffen, nachdem es gelungen ist, durch Zusatz von Fetten und Ölen die Empfindlichkeit des Chloratgemisches herabzusetzen. Aus kalter Kalilauge und Chlor entsteht *Kaliumhypochlorit* KOCl, dessen Lösung Eau de Javelle genannt wird. Ausgedehnte Verwendung für therapeutische Zwecke finden das Bromkalium, KBr, und das Jodkalium, KJ.

Die Basis der Kaliumsalze, das Kaliumhydroxyd, erhält man, ähnlich wie das Natriumhydroxyd, aus der Pottasche durch Umsetzen mit Kalk oder elektrolytisch aus Kaliumchlorid. Es ist dem Natriumhydroxyd sehr ähnlich.

Erhitzt man ein Gemenge von Kaliumkarbonat und Kaliumhydroxyd unter Zusatz von Eisen als Katalysator mit Kohle im Ammoniakstrom, so entsteht das Zyankalium, KCN, das Salz der Blausäure. Da es die Eigenschaft hat, das Gold in eine wasserlösliche Verbindung, das Kaliumgoldzyanid, überzuführen, benutzt man es, um Gold aus dem Gestein herauszulösen. Allerdings ist es jetzt durch das billigere Natriumzyanid stark zurückgedrängt worden.

Das metallische Kalium kann durch Zersetzung der Pottasche mit Kohle bei heller Rotglut abdestilliert werden, in einem Verfahren, das der Darstellung des Natriums nachgebildet ist. Beim Kalium ist aber diese Arbeitsweise nicht ganz unbedenklich, da als Nebenprodukt eine Verbindung von der Formel $C_6O_6K_6$, das Kohlenoxydkalium, sich bildet, die an feuchter Luft explosive Zersetzungsprodukte liefert. Besser ist daher die Darstellung durch Elektrolyse von Kaliumhydroxyd. Das Metall ist dem Natrium sehr ähnlich. Es schmilzt schon bei 62^0 und oxydiert sich ebenfalls so leicht an der Luft, daß es unter Petroleum aufbewahrt werden muß. Praktisch wird es weniger verwendet als das Natrium, weil es teurer ist und weil es für viele Zwecke auch zu stürmisch reagiert.

Ammoniumsalze.

Schon bei der Betrachtung des Stickstoffs wurde erwähnt, daß sich seine Wasserstoffverbindung, das Ammoniak, mit Wasser zu einer Base vereinigt, für die man aus der Zusammensetzung der Salze die Formel eines Ammoniumhydroxydes NH_4OH herleitete. Sie wäre also die Hydroxylverbindung eines Radikals Ammonium, das sich wie ein Alkalielement verhält und Salze bildet, die denen des Kaliums in vieler Beziehung entsprechen. Alle diese Salze sind ausgezeichnet durch ihre Flüchtigkeit bzw. ihre Zersetzlichkeit bei höherer Temperatur. Beim Chlorammonium, dem Salmiak, sahen wir, daß es bei höherer Temperatur in Chlorwasserstoff und Ammoniak zerfällt, daß sich die Spaltstücke bei tieferer Temperatur wieder vereinigen, so daß das Salz scheinbar sublimiert. Man benutzt daher Salmiak beim Löten zum Reinigen der Lötstelle, da der Chlorwasserstoff das Metalloxyd wegnimmt. Aus Salzen mit schwerflüchtigen Säuren kann man beim Erhitzen das Ammoniak austreiben, wie z. B. aus dem Ammoniumsalz der Phosphorsäure. Bei der Besprechung des Kohlendioxyds wurde bereits das Ammonkarbonat oder Hirschhornsalz erwähnt. Man stellt es heute meist aus Salmiak und Kreide, d. i. kohlensaures Kalzium, durch Sublimation dar. Es ist kein einheitliches Produkt, sondern ein Gemisch aus dem sauren und dem neutralen Salz, oft auch noch mit einer Verbindung, die karbaminsaures Ammonium heißt, verunreinigt. Ungefähr entspricht es gewöhnlich der Formel $(NH_4)_2CO_3 + 2\,NH_4HCO_3$. Schon bei gewöhnlicher Temperatur, nicht erst beim Erwärmen, verflüchtigt es sich, so daß es nach Ammoniak riecht und als Riechsalz verwendet wird. Eine völlige Zersetzung erleiden bei höherer Temperatur die Ammoniumsalze der salpetrigen Säure und der Salpetersäure. Aus Lösungen, die die Ionen des Ammoniumnitrits $NH_4{}^{\cdot}$ und $NO_2{}'$ enthalten, entweicht beim Erwärmen aller Stickstoff, weil sich der Sauer-

stoff des Nitritions mit dem Wasserstoff des Ammoniumions
zu Wasser vereinigt, eine bequeme Darstellungsweise für
Stickstoff. Die Zersetzung des Ammoniumnitrates erfolgt
noch nicht beim Kochen der wässerigen Lösung. Erst,
wenn das Salz geschmolzen wird, zerfällt es in Stickoxydul,
N_2O, und Wasser. Dabei kann bei Überhitzung der Schmelze
der Zerfall explosionsartigen Charakter annehmen. Bringt
man eine mit Knallquecksilber, einem starken Explosivstoff,
gefüllte Metallhülse, eine Sprengkapsel, auf einer Probe von
einigen Gramm Ammoniumnitrat mit einer Zündschnur zur
Explosion, so explodiert das Ammoniumnitrat ebenfalls. Man
stellt daher Sprengstoffe daraus her, indem man ihm, um
den Sauerstoff besser auszunützen, noch leicht verbrennliche
organische Verbindungen zusetzt. Diese Sprengstoffe haben
eine ziemlich niedrige Explosionstemperatur; sie entzünden
daher bei ihrer Explosion nicht auch Gemische aus Kohlen-
staub und Luft oder die unter dem Namen Schlagwetter bekannten explosiven Gemische des Grubengases mit Luft. Man
verwendet sie daher in Steinkohlenbergwerken als Sicher-
heitssprengstoffe an Stelle des Dynamits. Das Ammoniumhydroxyd ist im Gegensatz zu den beiden Hydroxyden des
Kaliums und des Natriums eine schwache Base. Eine wässerige Lösung von Kaliumhydroxyd, die ein Zehntel eines Mols
im Liter gelöst enthält, ist zu 91 % in Ionen gespalten, eine
gleich konzentrierte Lösung von Ammoniumhydroxyd enthält
dagegen nur 5 % ionisierte Moleküle.

Von den drei übrigen Alkalimetallen findet sich das
Lithium, aber stets nur in kleinen Mengen, in vielen Silikaten,
wie sein Name andeutet, der von dem griechischen λίϑος
= Stein abgeleitet ist. Auch in vielen Mineralquellen ist es zu
finden. Weil das Lithiumsalz der Harnsäure in Wasser löslich ist, sucht man die in den Gelenken abgeschiedene, Gicht
verursachende Harnsäure durch Darreichung von Lithium-
verbindungen und Trinken von lithiumhaltigen Mineralwässern
zu lösen und aus dem Organismus hinauszuspülen. *Zäsium
und Rubidium* sind wesentlich seltener als das Lithium. Sie
finden sich als Begleiter des Kaliums in sehr geringen Mengen in den Abraumsalzen und in Mineralquellen. Beide Ele-

mente sind von Bunsen gemeinsam mit Kirchhoff mit Hilfe der Spektralanalyse gefunden worden.

Die *Spektralanalyse* wird ausgeführt mit dem von Bunsen und Kirchhoff erfundenen Spektralapparat (Abb. 12). In diesem Apparat wird, wie aus der schematischen Darstellung (Abb. 13) ersichtlich, ein von einer Lichtquelle herkommendes, durch einen Spalt einfallendes Strahlenbündel in dem Spaltrohr *A* durch eine Linse *L* parallel gemacht und durch ein Prisma *P* gebrochen. Die Strahlen gelangen dann in ein Fernrohr *B*, das auf parallele Strahlen eingestellt ist und sie zu einem Bild des Spalts vereinigt.

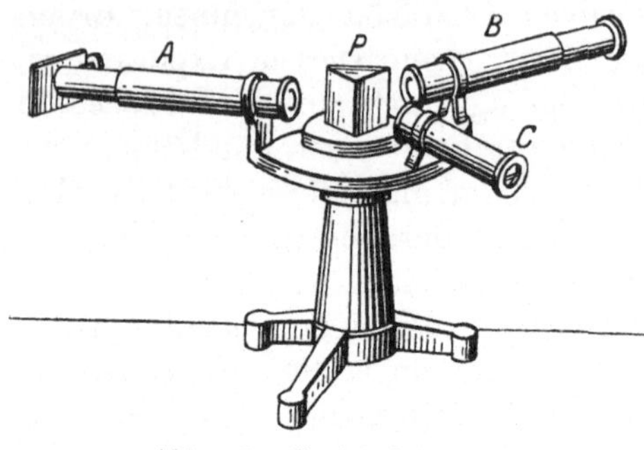

Abb. 12. Spektralapparat.

Wird der Spalt mit rein einfarbigem Licht beleuchtet, so wird auch nur ein Spaltbild entstehen. Läßt man aber weißes Licht durch den Spalt eintreten, so werden die Lichtarten, aus denen das weiße Licht sich zusammensetzt, im Prisma verschieden stark abgelenkt, die roten Strahlen am wenigsten, die violetten am stärksten. Dadurch entsteht eine ganze Reihe von Spaltbildern nebeneinander, für jede im weißen Licht enthaltene Lichtart eins, so daß man ein Band sieht, ein kontinuierliches Spektrum,

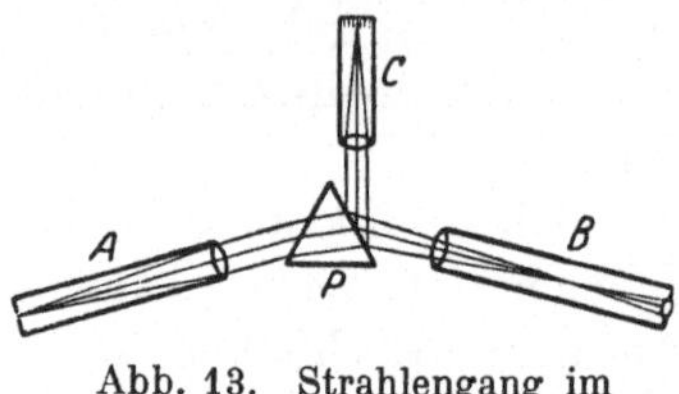

Abb. 13. Strahlengang im Spektralapparat.

das die Regenbogenfarben Rot, Orange, Gelb, Grün, Blau, Indigo, Violett enthält. Feste Stoffe oder Flüssigkeiten senden bei heller Glut weißes Licht aus, das ein kontinuierliches Spektrum gibt. Werden aber Gase oder Dämpfe bis zum Leuchten erhitzt, so enthält das von ihnen ausgestrahlte Licht nicht alle Lichtarten; es gibt daher auch kein kontinuierliches Spektrum, sondern ein diskontinuierliches oder ein Linien-

144

spektrum, weil die Spaltbilder, die den einzelnen Lichtarten
entsprechen, nicht mehr unmittelbar nebeneinander liegen,
sondern infolge der ausfallenden Lichtarten durch dunkle
Stellen getrennt sind. Diese Linienspektren sind charakteristisch für die einzelnen Elemente. Jedes hat sein eigenes
Spektrum, und die Linien des Spektrums eines Elementes fallen niemals mit den Spektrallinien eines anderen Elementes
zusammen. Um den Ort der Linien eines Spektrums bestimmen zu können, bringt man in dem dritten Rohr des Spektralapparats, dem Skalenrohr C, eine kleine zu beleuchtende
Glasskala an, die von der Prismenfläche in das Fernrohr ge-
spiegelt wird. Man sieht daher die Skala mit dem Spektrum
zusammen und kann die Lage der Linien auf der Skala bestimmen. Aus den Linien des Spektrums läßt sich feststellen,
von welchem Element das Spektrum herrührt, und andererseits kann man auf die Gegenwart eines neuen Elementes
schließen, wenn in einem Spektrum Linien beobachtet werden,
die in den Spektrallinien der bisher bekannten Elemente
nicht zu finden sind. Zur Erzeugung eines Spektrums schmilzt
man am einfachsten eine kleine Probe des zu untersuchenden
Stoffs an einen Platindraht an und erhitzt sie in der nicht-
leuchtenden Flamme des Bunsenbrenners, der so gestellt wird,
daß das von den glühenden Dämpfen ausgehende Licht in das
Spaltrohr des Spektralapparats fällt. Alle Natriumsalze geben
so eine gelbe Flammenfärbung und eine gelbe Spektrallinie.
Kaliumsalze färben die Flamme violett, ihr Spektrum zeigt
eine rote und eine blaue Linie. Beim Lithium, das die
Flamme rot färbt, sehen wir im Spektrum eine besonders
helle rote Linie. Bei der Untersuchung der Eindampfrück-
stände des Dürkheimer Mineralwassers fanden B u n s e n und
K i r c h h o f f Linien, die auf keins der damals bekannten
Elemente paßten. Zwei helle rote und zwei blaue Linien ver-
rieten die Anwesenheit des Elementes, das Rubidium genannt
wurde, zwei auffallende blaue Linien veranlaßten die Entdeckung des Zäsiums.

XIX. Kupfer. Silber. Gold.

Von diesen Elementen, die die Untergruppe der ersten Gruppe des periodischen Systems bilden, ist das *Kupfer* das häufigste, das sogar im gediegenen Zustand in beträchtlichen Mengen gefunden wird. Da aber das gediegene Vorkommen den gewaltigen Bedarf an Kupfer nicht zu decken vermag, so wird es auch noch aus seinen Erzen, meist Schwefelverbindungen, die auch noch Eisen enthalten, dargestellt. Die schwefelfreien Erze, wie das Rotkupfererz, das nur aus Kupfer und Sauerstoff besteht, werden dazu nur mit Kohle geschmolzen, wodurch das Rohkupfer abgeschieden wird. Die Schwefelerze, wie der Kupferkies, werden zunächst an der Luft erhitzt oder geröstet, um den Schwefel zu verbrennen und das Metall in Oxyd überzuführen. Dann werden sie mit Kohle und kieselsäurehaltigen Zusätzen verschmolzen, wodurch das Eisen verschlackt wird. Man erhält dann ein Gemisch von Kupferoxyd und Kupfersulfid, da der Schwefel beim Rösten nicht ganz verbrennt; durch mehrfaches weiteres Rösten und Glühen und schließliches Erhitzen mit Kohle wird dann das Kupfer metallisch abgeschieden. Zur Reinigung bedient man sich der elektrolytischen Raffination. Dabei werden Platten aus Rohkupfer in eine Lösung eines Kupfersalzes, gewöhnlich des schwefelsauren Kupfers gehängt und mit der Anode einer Stromquelle verbunden. Dünne Kupferbleche, die mit der Kathode der Stromquelle verbunden sind, tauchen in die gleiche Kupfersulfatlösung ein. Geht nun ein Strom durch die Lösung, so wird an der Anode Kupfer aufgelöst und an der Kathode niedergeschlagen. Auf diese Weise werden die Kathodenbleche immer dicker, während das Rohkupfer an der Anode allmählich verschwindet. Die verunreinigenden Metalle werden dabei in Lösung gehalten oder sie fallen als Pulver nieder.

Ganz ähnlich verfährt man bei der Verkupferung von Gegenständen aus anderem Metall, bei der Galvanostegie. Hier wird der zu verkupfernde Gegenstand als Kathode in die Kupfersalzlösung gebracht, und als Anode dient eine Kupferplatte, die sich in dem Maße auflöst, wie sich die Kathode mit Kupfer überzieht. Bei der Galvanoplastik werden von den nachzubildenden Gegenständen Formen aus Gips oder einem anderen geeigneten Material hergestellt, die durch Einreiben mit Graphit leitend für den elektrischen Strom gemacht werden. Kommen sie dann als Kathode in die Kupfersalzlösung, so scheidet sich auf ihnen beim Stromdurchgang das Kupfer ab. Nach genügender Arbeitsdauer hat dann der Überzug eine solche Stärke gewonnen, daß man ihn abheben kann, und man hat dann ein genaues Abbild des Originals.

Das Kupfer ist ein rotes, dehnbares und zähes Metall vom spezifischen Gewicht 8,93, das die Elektrizität vortrefflich leitet, weswegen Kupferdraht in ausgiebigstem Maße für Leitungen verwendet wird. Wegen seiner schönen Farbe und seiner Festigkeit wird es zu den verschiedensten Geräten verarbeitet. Besonders wertvoll sind die Legierungen des Kupfers, die noch den Vorzug einer größeren Gußfähigkeit besitzen. Mit Zink zusammengeschmolzen, liefert es die verschiedenen Sorten von Messing, mit Zinn die Bronze. Als Münzmetall ist es ebenfalls in verschiedenen Staaten in Gebrauch. An trockener Luft hält es sich unverändert, an feuchter und kohlendioxydhaltiger Luft dagegen bedeckt es sich allmählich mit einer Schicht von kohlensaurem Kupfer oder Kupferkarbonat. Dieser schön grün gefärbte Überzug, der sich an Denkmälern oder an kupfernen Kirchendächern unter dem Einfluß der atmosphärischen Luft bildet, die sogenannte Patina, hat neben der dekorativen Wirkung auch noch den Vorteil, daß sie das Metall vor weiterer Berührung mit der Luft schützt und weiteren Angriff verhindert. Beim Erhitzen verliert das Kupfer seine rote Farbe und bedeckt sich mit schwarzem Kupferoxyd, das leicht abblättert, dem sogenannten Kupferhammerschlag. Gegen verdünnte Säuren ist es ziemlich beständig. Von konzentrierten Säuren wird es angegriffen und aufgelöst. Es bildet eine große Reihe von Salzen, von denen der schön blau gefärbte Kupfervitriol das Kupfersulfat, $CuSO_4 + 5 H_2O$, das bekannteste ist. In seinen Verbindungen erscheint das Kupfer als einwertiges und als zweiwertiges Metall, d. h. es kann ein oder zwei Wasserstoffatome vertreten. Die Verbindungen des einwertigen Kupfers werden als Kupfer(1)verbindungen bezeichnet, während man die des zweiwertigen Kupfers als Kupfer(2)verbindungen benennt. Früher waren die Benennungen Kupro- und Kupriverbindungen üblich.

Das *Silber*, dem man das Zeichen Ag, abgeleitet vom lateinischen argentum, zuerteilt hat, ist als Edelmetall schon zu allen Zeiten geschätzt worden. Es findet sich in der Natur sowohl gediegen als auch in Erzen, von denen hier nur der Silberglanz, die Schwefelverbindung, der Kupfersilberglanz, der aus Schwefelkupfer und Schwefelsilber besteht, und das Rotgültigerz, die neben Schwefelsilber auch noch Schwefelarsen oder Schwefelantimon enthalten, erwähnt werden sollen. Außerdem kommt es häufig in Bleierzen als Begleiter des Bleis vor und wird auch aus dem Rohblei in beträchtlichen Mengen gewonnen.

Auch zur Aufarbeitung der Silbererze kann man diese mit Blei zusammenschmelzen und dadurch das Silber ausziehen. Die entstandene Bleisilberlegierung wird dann ebenso wie das Rohblei auf Silber verarbeitet. Bei silberarmen Bleilegierungen wendet man zuerst das Pattinson-Verfahren an. Die Bleisilberlegierung wird geschmolzen, dann läßt man sie langsam abkühlen. Es erstarrt zuerst das reine Blei, das ausgeschöpft werden kann, und die Legierung reichert sich an Silber an. Wenn der Silbergehalt hoch genug ist, wird das Blei abgetrieben. Man schmilzt auf dem sogenannten Treibherd unter Luftzutritt, bis alles Blei in Bleioxyd übergegangen ist, das abfließt und das reine Silber zurückläßt. Bei einem anderen Verfahren, das von Parkes angegeben wurde, fügt man dem geschmolzenen silberhaltigen Blei bei einer den Schmelzpunkt des Zinks wenig übersteigenden Temperatur Zink zu. Beim Umrühren vereinigt sich dieses mit dem Silber und scheidet sich beim langsamen Abkühlen auf der Oberfläche als Schaum ab, aus dem man das Zink durch Destillation oder durch Behandlung mit Wasserdampf entfernt. Durch Erhitzen mit Kochsalz kann man das Silber der Erze in Chlorsilber überführen, dieses mit Eisen, das das Chlor bindet, zerlegen und das metallische Silber mit Quecksilber ausziehen. Wird das Quecksilber abdestilliert, so bleibt das Silber zurück. Auch mit Zyankalium oder Zyannatrium, das mit dem Silber wasserlösliche Verbindungen bildet, kann das Silber aus den Erzen ausgezogen werden. Die völlige Reinigung erfolgt auch hier auf elektrolytischem Wege.

Silber ist ein weißes Metall, stark glänzend, weich und dehnbar, so daß man es zu Draht ziehen und zu dünnen Blättern ausschlagen kann. Es schmilzt bei 960⁰ und hat das spezifische Gewicht 10,5. Für Wärme und Elektrizität hat es von allen Metallen das größte Leitvermögen. Es verbindet sich leicht mit den Halogen und mit Schwefel so leicht, daß silberne Geräte an Luft, die nur einen geringen Gehalt an Schwefelwasserstoff hat, schwarz anlaufen. Mit Sauerstoff verbindet es sich auch bei hoher Temperatur nicht. Es gibt vielmehr den Sauerstoff, den es beim Erhitzen absorbiert, unter „Spratzen" wieder ab, wobei sich Blasen und Hohlräume bilden. Für die praktische Verwendung ist Silber zu weich. Es wird daher mit Kupfer legiert. Der Silbergehalt einer solchen Legierung wird heute in tausendstel Teilen angegeben. So enthält 900 er Silber 900 Teile Silber und 100 Teile fremdes Metall. Früher dachte man sich jede Silberlegierung in sechzehn Teile geteilt. Bestanden alle Teile aus Silber, so war das Silber sechzehnlötig oder Feinsilber. Enthielt die Legierung drei Viertel Silber und ein Viertel fremdes Metall, so war sie zwölflötig. Wegen seines schönen Glanzes wird das Silber zu Schmuck- und Kunstgegenständen verarbeitet, außerdem dient es auch als Münzmetall. Von Salzsäure wird es nur oberflächlich angegriffen, da unlösliches Chlorsilber entsteht, das eine Schutzschicht auf dem Metall bildet. Heiße Schwefelsäure löst das Metall, ebenso Salpetersäure. Das salpetersaure Salz, das Silbernitrat, $AgNO_3$, wird in der Medizin als Ätzmittel verwendet und führt den Trivialnamen Höllenstein.

Die Halogenverbindungen des Silbers sind wegen ihrer Lichtempfindlichkeit unentbehrlich für die Photographie. Die photographischen Platten oder Films werden mit einer warmen Emulsion von Bromsilber, $AgBr$, in Gelatine gegossen, die erstarrt und die Unterlage mit einer dünnen lichtempfindlichen Schicht überzieht. Schon die Belichtung von der

Dauer einer tausendstel Sekunde genügt, um ein Bild auf der Platte zu erzeugen. Dieses Bild ist zunächst „latent", d. h. nicht sichtbar; es wird hervorgerufen durch die Entwicklung, die durch Behandlung der Platte mit einer Lösung reduzierender Stoffe, mit einem sogenannten Entwickler, bewirkt wird. Es scheidet sich dabei aus dem Halogensilber an den vom Licht getroffenen Stellen metallisches Silber ab, und zwar erfolgt die Ausscheidung am stärksten an den am meisten belichteten Stellen und wird schwächer an den weniger stark belichteten. So entsteht ein Negativ, das die im Bild hellen Partien dunkel und die Schatten hell zeigt. Um die entwickelte Platte zu fixieren, d. h. sie unempfindlich gegen das Licht zu machen, muß nun das überschüssige, unveränderte Halogensilber herausgelöst werden. Das geschieht mit einer Lösung von Natriumthiosulfat, dem sogenannten Fixiersalz, das sich mit dem unlöslichen Bromsilber zu Natriumbromid und Silbernatriumthiosulfat, $Ag_2(S_2O_3)_3Na_4$, umsetzt, die beide löslich sind und durch Auswaschen aus der Platte entfernt werden. Wird unter dem getrockneten Negativ ein Stück lichtempfindliches Papier belichtet, so vertauschen sich auf dieser Kopie wieder Licht und Schatten, und es entsteht nun ein positives Bild des aufgenommenen Gegenstandes. Das Papierbild wird in der gleichen Weise wie die Platte fixiert, nachdem man ihm durch Einlegen in Gold- oder Platinlösungen eine braune bis schwarze Farbe gegeben hat, die dadurch zustande kommt, daß sich an Stelle des Silbers metallisches Gold oder Platin in der Schicht des Papiers abscheidet.

Unter geeigneten Bedingungen kann das Silber aus seinen Salzlösungen durch Reduktionsmittel in Form eines zusammenhängenden Überzugs, eines Spiegels, abgeschieden werden. Man macht von dieser Erscheinung Gebrauch bei der kalten Versilberung von Glaskugeln und Spiegeln. Eine andere Art der Versilberung ist die galvanische, die in der gleichen Weise ausgeführt wird, wie es beim Kupfer beschrieben ist.

Werden Silbersalze in sehr verdünnter Lösung reduziert, so scheidet sich das Metall nicht als Niederschlag ab, sondern bleibt in feinster Verteilung in der Flüssigkeit suspendiert

oder kolloidal gelöst. Solche kolloidalen Silberlösungen haben
in neuerer Zeit in der Heilkunde vielfach Verwendung gefunden. Sie können auch dadurch erzeugt werden, daß man
zwischen zwei Silberdrähten unter Wasser einen elektrischen
Lichtbogen überschlagen läßt. Dabei wird Silber verdampft.
Der Dampf verdichtet sich durch die Kühlung im Wasser
sofort wieder zu feinsten Metallteilchen, die im Wasser suspendiert bleiben, so daß eine kolloidale Silberlösung, ein Sil-
bersol, entsteht.

Das *Gold* wird mit dem Symbol Au, abgeleitet vom lateinischen aurum, bezeichnet. Da es in der Natur fast immer gediegen vorkommt, ist es seit den ältesten Zeiten bekannt und
als wertvolles Edelmetall geschätzt worden. Goldführendes
Gestein und goldhaltiger Flußsand sind in allen Erdteilen
angetroffen worden; heute kommt die Hauptmenge des Goldes aus Südafrika, Nordamerika und Australien. Früher fand
man es in Indien und Arabien, und aus dem Sand der deutschen Flüsse wurde ebenfalls Gold in kleineren Mengen ge-
waschen. So wurden aus dem Rhein in den Jahren von 1804
bis 1874 noch etwa 300 kg Gold gewonnen. Heute hat man
diese Goldwäscherei in Deutschland ganz aufgegeben, dagegen wird noch eine bescheidene Menge aus Rohsilber erhalten. Die primitivste Methode der Goldgewinnung ist das
Waschen der goldhaltigen Sande. Mit Wasser wurden diese
in flachen Pfannen aufgeschwemmt. Das schwere Gold setzt
sich zuerst zu Boden, während der leichtere Sand wegge-
schwemmt werden kann. Goldhaltiges Gestein wird erst durch
Pochen zerkleinert und dann extrahiert. Die Extraktion wird
entweder mit Quecksilber ausgeführt, das mit Gold ein
Amalgam gibt, aus dem das Gold durch Abdestillieren des
Quecksilbers gewonnen wird, oder mit einer verdünnten Lö-
sung von Zyankalium oder Zyannatrium. Alkalizyanid löst
Gold unter Luftzutritt auf unter Bildung wasserlöslicher Ver-
bindungen, die den Formeln $Au(CN)_2K$ und $Au(CN)_2Na$ ent-
sprechen, aus denen das Gold entweder durch Eintragen von
Zink oder durch den elektrischen Strom abgeschieden wird.
Das Gold ist ein schön gelb gefärbtes Metall von so enormer
Dehnbarkeit, daß man es zu Draht ausziehen kann, der so

fein ist, daß 1 g davon die Länge von 2 km besitzt. Ebenso
läßt es sich zu Blättchen ausschlagen, deren Dicke geringer
als 0,0001 mm ist. Das Gold gehört zu den schwersten Stoffen, die wir kennen, sein spezifisches Gewicht beträgt 19,3.
Da das Metall sehr weich ist, wird es für den praktischen Gebrauch mit anderen Metallen, besonders mit Silber oder Kupfer, legiert. Der Goldgehalt der Legierungen wird entweder
in Tausendsteln oder auch noch in Karat ausgedrückt. Bei
letzterer Ausdrucksweise denkt man sich die Legierung in
24 Teile geteilt. Bestehen alle Teile aus Gold, so ist das Gold
24 karätig oder reines Gold. Ein 750 er Gold, das also zu
drei Vierteln aus Gold besteht, wäre 18 karätig. Zu Schmucksachen wird meist 14 karätiges oder 585 er Gold verwendet.
Die Goldmünzen, die einst in besseren Zeiten in Deutschland
im Umlauf waren, bestanden aus einer Legierung, die
900 Teile Gold und 100 Teile Kupfer enthielt. Bei der Ver-
goldung benutzt man, wenn es sich um Gegenstände aus Holz
handelt, das Blattgold; auf Metall wird eine dünne Gold-
schicht aufgewalzt oder es wird in der beim Kupfer beschriebenen Weise galvanisch vergoldet. Schließlich kann man Metalle auch dadurch vergolden, daß man eine Lösung von
Gold in Quecksilber, ein Goldamalgam, daraufstreicht und
das Quecksilber durch Erhitzen vertreibt, so daß das Gold
als Überzug auf dem Metall zurückbleibt. Beim Erhitzen bleibt
das Gold unverändert, da es sich als Edelmetall auch bei
höherer Temperatur nicht mit dem Sauerstoff verbindet; von
Salzsäure und Salpetersäure wird es nicht angegriffen, dagegen geht es in Lösung in einer Mischung aus den beiden
Säuren, die Königswasser heißt, weil sie den König der Metalle aufzulösen vermag. In seinen Salzen ist es entweder einwertig oder dreiwertig, d. h. es kann ein oder drei Wasserstoffatome ersetzen. Das wichtigste Salz ist das Aurichlorid
oder Gold(3)chlorid, $AuCl_3$, das in der Photographie zur
Bereitung der Goldbäder dient. Wird das Gold aus den Lösungen seiner Salze bei großer Verdünnung durch Reduktionsmittel metallisch abgeschieden, so bleibt es in feiner Verteilung suspendiert und bildet ein Goldsol. Auch in Glas-
flüssen läßt sich Gold in feiner Verteilung auflösen. Beim

schnellen Abkühlen entsteht dann zunächst eine farblose feste
Lösung, die beim Erwärmen prachtvoll rot anläuft und das
Goldrubinglas darstellt.

XX. Die Erdalkalimetalle.

Zu diesen Metallen, die die Hauptgruppe der zweiten Vertikalreihe des periodischen Systems bilden, gehören Beryllium, Magnesium, Kalzium, Strontium, Barium. Alle diese Metalle sind zweiwertig, d. h. sie können zwei Atome Wasserstoff ersetzen. Ihre Oxyde sind weiße Pulver und haben den Charakter von Basenanhydriden. Mit Wasser gehen die Oxyde mehr oder weniger leicht in Hydroxyde über. Diese sind Basen, deren Stärke mit dem steigenden Atomgewicht des Metalls wächst. Ebenso verhält es sich mit der Löslichkeit in Wasser; das Magnesiumhydroxyd ist ziemlich unlöslich, das Bariumhydroxyd kristallisiert aus heißem Wasser.

Das *Beryllium* ist sehr selten. Es ist ein Bestandteil geschätzter Edelsteine. Der Beryll ist eine Verbindung von Berylliumoxyd, Aluminiumoxyd und Kieselsäure. Durch kleine Verunreinigungen von Chromoxyd erhält er die prachtvoll grüne Färbung, die ihn unter dem Namen Smaragd unter die teuersten Edelsteine versetzt. Hellbläulicher Beryll heißt Aquamarin. Aus Aluminiumoxyd und Beryllium allein besteht der Chrysoberyll, der in einer je nach der Beleuchtung von Grün nach Rot wechselnden Form vorkommt, die im Edelsteinhandel als Alexandrit bezeichnet wird.

Das *Magnesium* dagegen ist sehr verbreitet in Form seines Karbonates, des Magnesits. Mit dem Kalziumkarbonat zusammen bildet es als Dolomit ganze Gebirgsteile und in Verbindung mit Kieselsäure erscheint es in vielen Mineralien. In manchen Mineralwässern, den Bitterwässern, ist das Magnesiumsulfat als wirksamer Bestandteil enthalten, und mit Kaliumsalzen zusammenkristallisiert findet es sich in den Staßfurter Salzlagern. Das Metall gewinnt man aus einem solchen Kaliummagnesiumsalz, dem schon erwähnten Karnallit, durch Elektrolyse. Man schmilzt das Ausgangsmaterial in einem eisernen Tiegel, der als Kathode dient; ein Kohlenstab ist die Anode. Das Metall ist silberweiß und kann in der Hitze zu Band oder Draht gezogen werden. Im Gegensatz zu den Alkalimetallen zersetzt es das Wasser in der Kälte nicht, in der Hitze nur langsam. Beim Erhitzen an der Luft verbrennt es mit glänzendem Licht zu Magnesiumoxyd, MgO. Man verwendet es daher mit oder ohne Zusatz sauerstoffabgebender Substanzen in der Feuerwerkerei, ferner zum Erzeugen von Lichtsignalen und, da das Magnesiumlicht reich ist an chemisch wirksamen Strahlen, bei der Photographie. Blitzlichtpulver bestehen meist aus Mischungen von Magnesiumpulver und Kaliumchlorat oder, wenn langsameres Abbrennen für längere Exposition gewünscht wird, aus Magnesiumpulver und Kieselgur.

Das Magnesiumoxyd, das Verbrennungsprodukt des Magnesiums, entsteht auch aus dem Magnesit durch Glühen, wobei Kohlendioxyd abgegeben wird. Noch leichter erhält man es durch Erhitzen des künstlich hergestellten Karbonats. Gießt man zur Lösung eines Magnesiumsalzes Sodalösung, so fällt ein Niederschlag aus, der nach dem Abfiltrieren und Trocknen ein lockeres weißes Pulver ist, das in der Apotheke als Magnesia alba oder Magnesia carbonica verkauft wird. Es ist kein reines Karbonat, sondern es enthält je nach der Zubereitung wechselnde Mengen von Magnesiumhydroxyd. Beim Erhitzen zerfällt es in Kohlendioxyd, Wasser und Magnesiumoxyd, das wegen dieser Bildung durch Erhitzen oder Brennen gebrannte Magnesia oder in der Apothekersprache Magnesia usta genannt wird. Beide Präparate werden medizinisch verwendet zur Neutralisation von überschüssiger Magensäure. Das Magnesiumoxyd benutzt man außerdem wegen seiner Feuerbeständigkeit zur Fabrikation von Schmelztiegeln. Rührt man Magnesiumoxyd mit einer konzentrierten Lösung von Magnesiumchlorid zusammen, so erhält man zunächst eine plastische Masse, die aber nach einigen Stunden steinhart wird, so daß sie für Lithographiesteine verarbeitet werden kann. Durch Zugabe von Sägespänen oder Kork zu der Mischung erhält man eine als Xylolith bezeichnete Masse, die als Fußbodenbelag dient, während man durch einen Zusatz von Baumwollfasern oder Holzschliff ein Produkt erzielt, das eine Art Elfenbeinersatz ist und sich zur Herstellung von Kunstgegenständen oder auch von Knöpfen oder Billardkugeln eignet.

Das *Kalzium* ist das wichtigste und am meisten verbreitete Erdalkalimetall. In Form seines Karbonats, des Kalksteins, bildet es ganze Gebirge. Die Kreide ist ebenfalls Kalziumkarbonat, geradeso wie der Marmor, der ein besonders schönes und reines Vorkommen des Kalziumkarbonats ist. Schön kristallisiert findet sich das Kalziumkarbonat als Kalkspat, der auch Doppelspat genannt wird, weil Striche oder Schriftzeichen doppelt erscheinen, wenn man ein Stück Kalkspat darauflegt und sie durch dieses betrachtet. Dieser Eigenschaft der Doppelbrechung verdankt er seine Verwendung bei der Fabrikation optischer Apparate. Eine andere kristallisierte, aber unscheinbar aussehende Form des Kalziumkarbonats ist der Aragonit. Das Kalziumkarbonat ist in reinem Wasser nicht löslich, dagegen löst es sich in kohlensäurehaltigem Wasser auf. Einen geringen Kohlensäuregehalt pflegt das in der Natur vorkommende Wasser meistens zu haben, da es ja in letzter Linie vom Regen stammt, der auf seinem Weg durch die Luft hinreichend Gelegenheit hat, Kohlendioxyd aufzunehmen und daraus Kohlensäure zu bilden. So ist das durch den Boden sickernde Wasser imstande, Kalziumkarbonat, das es auf seinem Wege trifft, zu lösen, indem es das neutrale Salz in das lösliche saure Kalziumkarbonat überführt im Sinne der Gleichung:

$$CaCO_3 + H_2O + CO_2 = 2\,Ca(HCO_3)_2$$

Ebenso wird von dem Wasser noch ein anderes Kalziumsalz, das schwefelsaure Kalzium, das ohne Kristallwasser als Anhydrit, mit zwei Molekülen Kristallwasser als Gips, $CaSO_4 + 2\,H_2O$, sich findet, aufgenommen. Diese Auflösung der Kalksalze durch Wasser bringt für seine praktische Verwendung gewisse Nachteile mit sich, ist aber auch die Ursache für prachtvolle Naturerscheinungen. Wenn Wasser, das beim Durchsickern durch Erdreich Kalziumkarbonat gelöst hat, an der Decke einer unterirdischen Höhle in Tropfen

herauskommt, so verdunstet etwas von dem Wasser, solange
der Tropfen hängt, und es scheidet sich eine kleine Menge
des gelösten Kalksalzes ab, weil sich aus dem sauren Salz
durch Verlust von Kohlendioxyd das neutrale zurückbildet.
Fällt der Tropfen auf den Boden, so verdunstet er gänzlich,
und das noch gelöste Kalziumkarbonat scheidet sich völlig
ab. Wiederholt sich dieser Prozeß im Laufe der Jahrtausende
genügend oft, so wächst allmählich vom Boden ein Stalagmit
dem von der Decke herabwachsenden Stalaktit entgegen, und
sie vereinigen sich zu den säulenartigen Gebilden, die wir in
den Tropfsteinhöhlen bewundern. Die gleiche Reaktion der
Zurückbildung des neutralen Salzes aus dem sauren Kalziumkarbonat nach der Gleichung:

$$Ca(HCO_3)_2 = CaCO_3 + H_2O + CO_2$$

vollzieht sich auch, wenn das Wasser zum Sieden erhitzt
wird, wie das im Teekessel des Haushalts und im Dampfkessel der Technik geschieht. Hier setzt sich das Kalziumkarbonat an den Kesselwänden ab und bildet den Kesselstein.
Bei Dampfkesseln kann der Kesselstein, da er die von außen
zugeführte Wärme an das Wasser schlecht weitergibt, eine
Überhitzung der Kesselwände herbeiführen. Platzt dann ein
größeres Stück Kesselstein von der Wand ab, so kann durch
die plötzliche Dampfentwicklung an der überhitzten Kessel-
wand, die nun mit dem Wasser in Berührung kommt, der
Kessel gesprengt werden. Wasser, das reich ist an Kalksalzen,
nennt man hartes Wasser, Regenwasser und kalksalzarmes
Wasser ist weiches Wasser. Hartes Wasser ist beim Waschen
ebensowenig beliebt wie als Kesselspeisewasser, denn es verbraucht viel Seife. Seifen sind die Alkalisalze der Fettsäuren,
und Fettsäuren bilden schwerlösliche Kalksalze. In einem
harten Wasser wird also zunächst viel Seife ausgefällt und
wirkungslos gemacht, ehe die erwünschte Schaumbildung auftritt. Man benutzt diese Erscheinung, um die Härte des
Wassers zahlenmäßig zu bestimmen, indem man gemessene
Mengen einer Seifenlösung von bestimmtem Gehalt zugibt
und feststellt, wieviel Seifenlösung bis zur Bildung eines
dauernden Schaums erforderlich ist. Man unterscheidet da-

bei die vom Kalziumkarbonat hervorgerufene Härte, die temporäre oder vorübergehende Härte, weil sie beim Kochen des Wassers infolge des Zerfalls des sauren Salzes schwindet, und die bleibende, die vom Kalziumsulfat herrührt, das beim Kochen in Lösung bleibt. Ein Zusatz von Soda zum Waschwasser macht es weicher, weil es die Kalksalze als Kalziumkarbonat ausfällt, und wirkt daher seifesparend.

Erhitzt man Kalkstein auf Rotglut, so verliert er Kohlendioxyd und geht in Kalziumoxyd über, den gebrannten Kalk, den man schon in den ältesten Zeiten herstellte und verwendete. Bringt man den gebrannten Kalk mit Wasser zusammen, so verbindet er sich damit unter lebhafter Wärmeentwicklung, die das Wasser teilweise zum Verdampfen bringt, und man erhält das Kalziumhydroxyd, den gelöschten Kalk. Das Kalziumhydroxyd ist schwer löslich in Wasser, aber es ist eine starke Base, deshalb benutzt man eine Aufschlämmung davon in Wasser, die sogenannte Kalkmilch, zum Neutralisieren oder Abstumpfen von Säuren, und die Technik nimmt den billigen Kalk gern als Ersatz für die wesentlich teureren Alkalihydroxyde. Auf seine Verwendung zur Gewinnung von Ammoniak und zur Darstellung von Natronlauge und Kalilauge aus Soda und Pottasche wurde schon hingewiesen. Am allermeisten aber wird der Kalk zur Bereitung von Mörtel für bautechnische Zwecke gebraucht. Zur Bereitung des an der Luft erhärtenden Mörtels, des sogenannten Luftmörtels, wird Kalk mit Wasser zu einem Brei angerührt, der mit Quarzsand innig vermischt wird. Dieser Brei wird entweder zwischen die Steine als Bindemittel gebracht oder er wird als Verputz aufgestrichen. Mit dem Kohlendioxyd der Luft verbindet sich das Kalziumhydroxyd des Mörtels zu Kalziumkarbonat, und dadurch erhärtet der Mörtel. Der Zusatz von Sand verhindert, daß der Mörtel sich ungleichmäßig zusammenzieht oder schwindet, und er begünstigt den Zutritt des Kohlendioxyds zu dem Kalziumhydroxyd. Der Erhärtungsprozeß des Mörtels, der während des Trocknens des Baus schon vor sich geht, wird beschleunigt, wenn die Räume bewohnt werden und wenn in ihnen durch Atmung und Verbrennung Kohlendioxyd erzeugt wird.

Da nun bei dem Übergang des Kalziumhydroxyds in Karbonat
Wasser frei wird nach der Gleichung:

$$Ca(OH)_2 + CO_2 = CaCO_3 + H_2O$$

so ist es leicht einzusehen, daß in neugebauten Häusern beim
Trockenwohnen sich an den Wänden zunächst Feuchtigkeit
zeigt, auch wenn vorher alles trocken zu sein schien.

Ein anderes Salz des Kalziums, das ebenfalls technisch und
im Haushalt viel verwendet wird, ist das Sulfat, der Gips.
Das Mineral, das in der Natur mit zwei Molekülen Kristallwasser sich findet, verliert bei mäßigem Erhitzen einen Teil
seines Kristallwassers, so daß auf zwei Moleküle Gips noch
ein Molekül Wasser kommt. Wird das so entstandene lockere
Pulver, der im Handel befindliche Gips, mit Wasser angerührt, so nimmt er wieder das abgegebene Wasser auf, und
der Gipsbrei erhärtet, indem sich wieder Kristalle bilden, zu
einer festen Masse. Darauf beruht seine Verwendung zum
Abformen, zum Eingipsen, zur Herstellung von Gipsverbänden
und auch zum Verputzen von Wänden, die im Hause liegen
und der Einwirkung des Regens nicht ausgesetzt sind, da der
Gips nicht ganz unlöslich in Wasser ist.

Die Kalziumsalze der Phosphorsäure sind, wie wir beim
Phosphor und seinen Verbindungen bereits gesehen haben,
wichtige Düngemittel. Ein Desinfektionsmittel, das viel gebraucht wird, ist der Chlorkalk, der auch als Bleichmittel
große Bedeutung hat. Er entsteht, wenn gasförmiges Chlor
über gelöschten Kalk geleitet wird, nach der Gleichung:

$$Ca{<}^{OH}_{OH} + {}^{Cl}_{Cl} = Ca{<}^{Cl}_{OCl} + H_2O$$

Chlorkalk

Er ist ein gemischtes Salz des Kalziumhydroxyds mit der
Salzsäure und der unterchlorigen Säure $HOCl$, d. h. die eine
Hydroxylgruppe des Kalziumhydroxyds ist durch Chlorwasserstoffsäure, die andere durch unterchlorige Säure neutralisiert. Beim Zersetzen mit Säure gibt er so viel Chlor, wie
er aufgenommen hat, wieder ab, wie aus folgender Gleichung
ersichtlich ist:

$$Ca{<}^{OCl}_{Cl} + {}^{HCl}_{HCl} = CaCl_2 + H_2O + Cl_2$$

Da die Zersetzung schon durch das Kohlendioxyd der Luft im Verein mit Feuchtigkeit erfolgt, gibt er ständig Chlor ab und wirkt daher stark desinfizierend. Zum Bleichen rührt man Chlorkalk mit Wasser an, läßt vom Ungelösten sich absetzen und befeuchtet mit der klaren Lösung das zu bleichende Gewebe, das man dann der Luft aussetzt. Nach erfolgter Bleiche spült man das Gewebe mit einer Lösung von Natriumthiosulfat oder Antichlor, um eine weitere Wirkung auf die Faser zu verhüten, und dann mit Wasser. Auch zum Desinfizieren von Trinkwasser wird Chlorkalk verwendet.

Vom Chlorkalk ist zu unterscheiden das Chlorkalzium, das einfache Salz der Chlorwasserstoffsäure, $CaCl_2$. Es ist sehr hygroskopisch, d. h. es zieht die in der Luft enthaltene Feuchtigkeit an, so daß es als Trockenmittel für Gase viel verwendet wird. Es dient auch als Ausgangsmaterial für die Darstellung des metallischen Kalziums, das man durch Elektrolyse eines Gemisches von Chlorkalzium und Fluorkalzium, das ist Flußspat, erhält, das aber bis jetzt noch keine große Bedeutung erlangt hat.

Wichtig ist noch das Kalziumsilikat, das im Gemenge mit Alkalisilikaten das Glas darstellt, das keine chemische Verbindung, sondern eine als Gemisch amorph erstarrte Flüssigkeit ist. Das Glas war schon anderthalb Jahrtausend vor Christo den Ägyptern bekannt, kam von da nach Phönizien, dann nach Rom und Byzanz. Im 13. Jahrhundert war Venedig schon berühmt wegen seiner Gläser, im 14. Jahrhundert gab es in Deutschland schon Spiegel aus Glas, das mit Metall belegt war, und am Ausgang des Mittelalters brachte man auch in Wohnhäusern gläserne Fenster an, was vorher nur in Kirchen geschehen war. Große Fensterscheiben kennt man allerdings erst seit dem 17. Jahrhundert. Anfänglich diente das Glas überhaupt nur als Material zur Verfertigung von Schmuckgegenständen oder kleinen Flaschen oder Dosen, in denen man Arzneien oder Salben aufbewahrte.

Das Glas wird auch heute noch durch Zusammenschmelzen von Soda, Quarzsand und Kalkstein bereitet. Zuerst wird bei gelinder Hitze geschmolzen, bis die Kohlendioxydentwicklung zu Ende ist, dann erhitzt man kräftig, damit alle Gasblasen aus dem Fluß entweichen und die Verunreinigungen sich absetzen können. Das so erzeugte Glas ist weich, d. h. leicht schmelzbar. Es wird zur Herstellung von Fensterglas und vielen Glasgeräten benutzt. Wird an Stelle der Soda Pottasche bei der Schmelze genommen, so entsteht das Kaliglas, das schwerer schmilzt und widerstandsfähiger gegen Chemikalien ist. Wenn der Kalk durch Bleioxyd ersetzt wird, so entsteht ein Kaliumbleiglas, das Flintglas, das wegen seines hohen Lichtbrechungsvermögens beim Bau optischer Instrumente verwendet wird. Neuerdings gibt man dem Flintglas noch einen Zusatz von Borsäure. Ein ähnliches Gemisch aus Blei, Kalium, Natrium, Kieselsäure und Borsäure ist der Straß, der wegen seines hohen Glanzes und seiner Schleifbarkeit als Imitation der teuren Diamanten in billigen Schmucksachen verarbeitet wird. Gefärbte Gläser entstehen durch Zusatz von Metalloxyden oder auch Metallen zur Schmelze. Eisenoxydul liefert die Färbung der gewöhnlichen Wein- und Bierflaschen. Kobaltoxyd gibt intensiv blaue Gläser, kleine Mengen Gold, die sich kolloidal in der Schmelze lösen, geben das prachtvolle Rubinglas.

Die beiden Elemente *Strontium* und *Barium* finden sich als Karbonate und Sulfate in der Natur. Die Mineralien des Strontiums hat man zuerst in der Grafschaft Strontian in Schottland gefunden. Das Karbonat erhielt den Namen Strontianit, und daraus ergab sich der Name Strontium für das daraus gewonnene Metall. Das Sulfat wurde, da es durch Verunreinigungen gefärbt mitunter himmelblau aussieht, Zölestin (coelum, der Himmel) genannt. Beim Barium heißt das Karbonat Witherit, das Sulfat Schwerspat wegen seines hohen Gewichtes. Auch der Name Barium hängt damit zusammen, denn das griechische Wort βαρύς, von dem er abgeleitet ist, bedeutet schwer. Beide Metalle können durch Elektrolyse aus den Chloriden erhalten werden, haben aber keine praktische Bedeutung.

Von den Salzen wird zunächst das Strontiumnitrat in der Feuerwerkerei verarbeitet. Man macht damit rotes bengalisches Feuer. Von den Bariumsalzen ist das Sulfat durch sein hohes spezifisches Gewicht und durch seine große Unlöslichkeit in Wasser ausgezeichnet. Man weist mit löslichen Bariumsalzen Schwefelsäure nach, denn wenn selbst minimale Mengen von Sulfationen mit Bariumionen in wässeriger Lösung zusammentreffen, so bildet sich sofort das unlösliche Bariumsulfat, das als Niederschlag ausfällt. Wegen seiner rein weißen Farbe dient es auch als Malerfarbe und führt hier die Bezeichnung Permanentweiß, weil es unveränderlich an der Luft ist und sich nicht dunkel färbt. Bei der Papierfabrikation wird es dem Papierbrei zugesetzt, um dem Papier die glatte weiße Oberfläche zu geben. Bariumchlorat oder Bariumnitrat sind die Hauptbestandteile des bengalischen Grünfeuers.

XXI. Zink, Kadmium, Quecksilber.

Diese Elemente bilden die Untergruppe der zweiten Vertikalreihe des periodischen Systems. Zink und Kadmium sind stets zweiwertig, das Quecksilber bildet zwei Reihen von Salzen, in denen es ein- und zweiwertig auftritt, die Quecksilber(1)salze und die Quecksilber(2)salze, früher als Merkuro- und Merkurisalze bezeichnet.

Das *Zink* ist ein im täglichen Leben viel verwendetes Metall. Die im Haushalt gebrauchten Wannen und Eimer bestehen aus Zink, Eisschränke werden mit Zink ausgeschlagen, zur Dachbekleidung und für Dachrinnen wird es gleichfalls verwendet. Eisendraht, mit dem man Gärten und andere Grundstücke einfriedigt, wird verzinkt, und ebenso wird Eisenblech durch einen Zinküberzug vor Rost geschützt. Um das Eisen mit Zink zu überziehen, wird es zunächst mit Säure völlig von Oxyd gereinigt und dann in geschmolzenes Zink eingetaucht. Das Zink verändert sich nämlich an trockener Luft so gut wie gar nicht, bei Gegenwart von Feuchtigkeit wird es von dem Kohlendioxyd der Luft oberflächlich angegriffen, aber das entstehende Karbonat bildet eine fest anhaftende Schutzschicht, die einen weitergehenden Angriff verhindert. Als Zinkkarbonat, $ZnCO_3$, oder Galmei findet sich

das Zink auch in der Natur, und aus diesem Mineral sowie
aus dem Sulfid, der Zinkblende, ZnS, wird es auch technisch
gewonnen. Die Zinkblende wird geröstet und liefert dabei
Zinkoxyd und Schwefeldioxyd, das auf Schwefelsäure verarbeitet wird. Der Galmei geht schon beim einfachen Erhitzen unter Abspaltung von Kohlendioxyd in Zinkoxyd über.
Das Zinkoxyd wird mit Kohle gemischt in tönernen Röhren
oder Retorten auf 1300—1400 ^{0} erhitzt, und die abdestillie-
renden Zinkdämpfe werden in Vorlagen verdichtet. Anfangs
schlägt sich bei der Destillation der Zinkdampf sofort in
fester Form nieder, verunreinigt durch etwas Zinkoxyd, das
durch Verbrennen von Zink entstanden ist, und gibt den Zink-
staub. Später, wenn die Vorlagen warm geworden sind, kondensiert sich das Zink flüssig und wird in Blöcke gegossen.
Das metallische Zink ist bläulichweiß und hat das spezifische
Gewicht von 6,9—7,1. Bei gewöhnlicher Temperatur ist es
spröde; bei höherer Temperatur nimmt seine Sprödigkeit ab,
so daß es bei 100—150 ^{0} gedehnt und gewalzt werden kann.
Bei noch höherer Temperatur wird es wieder spröde, und bei
200 ^{0} kann es sogar gepulvert werden. Bei 419 ^{0} schmilzt das
Zink und bei 906 ^{0} siedet es. Beim starken Erhitzen an der
Luft verbrennt es zu einem lockeren, leichten weißen Produkt, dem Zinkoxyd, das man früher als Lana philosophica
bezeichnet hat. Mit verdünnter Salzsäure oder Schwefelsäure
entwickelt das Zink lebhaft Wasserstoff und löst sich auf.
Ist das Zink ganz rein, so wird es von reiner Säure nur wenig
angegriffen, da sich das Metall rasch mit einer Wasserstoff-
gasschicht umhüllt, die die Reaktion zum Stillstand bringt.
Berührt man dann das Zink mit einem Platindraht, so entwickeln sich an diesem die Gasblasen, während das Zink in
Lösung geht. Der gleiche Effekt wird erzielt, wenn man auf
dem Zink durch Zugabe von etwas Kupfervitriol metallisches
Kupfer niederschlägt. Auch mit Basen, z. B. mit Natronlauge,
kann Zink Wasserstoff entwickeln, indem es nach der Gleichung

$$Zn + 2NaOH = Zn(ONa)_2 + H_2$$

ein Zinkat bildet. Zinkate sind Salze, in denen das Zink Bestandteil des Anions ist, und die auch entstehen, wenn man

Zinkhydroxyd, das mit Natronlauge aus Zinksalzen gefällt
wird, in einem Überschuß von Natronlauge wieder auflöst.
Zinkhydroxyd hat nämlich amphoteren Charakter, d. h. es
löst sich sowohl in starken Säuren, indem es sich wie eine
Base verhält, als auch in starken Basen, indem es die Rolle
einer Säure spielt.

Von den Verbindungen des Zinks haben mehrere praktische
Bedeutung. Das Zinkoxyd gibt mit Öl angerieben eine sehr
brauchbare Malerfarbe, das Zinkweiß, das zwar nicht die
gleiche Deckkraft hat wie das später noch zu betrachtende
Bleiweiß, das aber dafür auch mit Schwefelwasserstoff nicht
schwarz wird. Eine andere weiße Anstrichfarbe ist das Litho-
pon, ein Gemisch von Zinksulfid und Bariumsulfat, das beim
Vermischen von Zinksulfatlösung mit Bariumsulfidlösung entsteht. Die als Hausmittel geschätzte Zinksalbe besteht aus
10% Zinkoxyd und 90% Vaseline oder Lanolin. Zinksulfat,
$ZnSO_4 + 7 H_2O$, wird in verdünnter Lösung in der Augen-
heilkunde verordnet. Chlorzink, $ZnCl_2$, ist hygroskopisch; es
dient daher als Trockenmittel und bei organischen Synthesen
als wasserabspaltendes Mittel. Man imprägniert ferner Holz,
besonders Eisenbahnschwellen damit, um sie vor Fäulnis zu
schützen. Seine desinfizierende Wirkung, die darauf beruht,
daß es mit Eiweißstoffen feste Verbindungen bildet, bedingt
auch seine Verwendung in der Chirurgie als Ätzmittel. Wird
in die wässerige Lösung von Zinkchlorid festes Zinkoxyd eingetragen, so entsteht eine plastische Masse, dic bald erhärtet
und die in der Zahnmedizin als Zahnzement zur Füllung von
Zähnen benutzt wird. Eine mit Salzsäure versetzte Lösung
von Chlorzink dient schließlich noch als Lötwasser, da sie die
Oberfläche der zu lötenden Metalle von der Oxydschicht befreit.

Legierungen des Zinks sind Messing und Argentan oder
Neusilber. Messing setzt sich aus Zink und Kupfer zusammen, während das Argentan auch noch Nickel enthält. Wegen
seiner Härte und Politurfähigkeit werden viele Gegenstände
des täglichen Gebrauchs daraus hergestellt, besonders Tischgeräte.

Das *Kadmium* ist ein Element, das das Zink in seinen
Erzen begleitet. Da es flüchtiger ist als das Zink, destilliert

es bei der Verhüttung der Zinkerze zuerst über. Gereinigt wird es entweder durch mehrfache Destillation oder dadurch, daß man die Lösung der beiden Metalle in Säure mit Schwefelwasserstoff fällt. Das Kadmium fällt als Sulfid aus, während das Zink in Lösung bleibt. Aus dem Kadmiumsulfid kann durch Rösten das Oxyd und durch Reduktion daraus das Metall erhalten werden. Seine praktische Verwendung ist gering. Niedrigschmelzende Legierungen wie W o o d sches Metall enthalten Kadmium, und als Malerfarbe wird unter dem Namen Kadmiumgelb das lebhaft gelb gefärbte Sulfid verwendet.

Das *Quecksilber*, das mit dem Symbol Hg, abgeleitet vom lateinischen Hydrargyrum, bezeichnet wird, findet sich in kleinen Mengen gediegen in Form von kleinen Tröpfchen, die im Erz eingeschlossen sind, hauptsächlich aber als Sulfid, HgS, das den Trivialnamen Zinnober führt. Aus diesem Mineral wird es auch technisch dargestellt, indem man entweder das Sulfid röstet, wobei der Schwefel zu Schwefeldioxyd verbrennt, während das überdestillierende Quecksilber verdichtet und aufgefangen wird, oder dadurch, daß man den Zinnober mit Eisenspänen destilliert; der Schwefel verbindet sich dann mit dem Eisen zu Schwefeleisen, und das Quecksilber destilliert über.

Das Quecksilber ist das einzige Metall, das bei gewöhnlicher Temperatur flüssig ist, es erstarrt erst bei — 38,9 und hat das spezifische Gewicht von 13,6. Bei 357,3 ⁰ siedet es, aber es verdampft schon bei gewöhnlicher Temperatur. Da die Dämpfe sehr giftig sind, muß man sorgfältig darauf achten, daß in Wohnräumen verschüttetes Quecksilber nicht in Ritzen des Bodens oder in Ecken liegenbleibt, weil dadurch die Bewohner gesundheitlich geschädigt werden können. Da das Quecksilber sich bei der Erhitzung sehr gleichmäßig ausdehnt, füllt man die Thermometer damit, und im Barometer mißt man den Luftdruck durch die Höhe einer Quecksilbersäule, die ihm das Gleichgewicht hält. Medizinisch wird das Quecksilber verwendet in Form der grauen Salbe, die durch Verreiben des metallischen Quecksilbers mit Talg oder Schweineschmalz bereitet wird. Erhitzt man Quecksilber an der Luft, so bedeckt es sich mit Schuppen von rotem

Quecksilberoxyd, aus dem, wie wir früher gesehen haben, bei höherem Erhitzen der Sauerstoff wieder abgegeben wird. In Salpetersäure und in Königswasser ist Quecksilber löslich. Es bildet zwei Reihen Salze, in denen es ein- und zweiwertig erscheint. Von den Salzen des einwertigen Quecksilbers ist hier das Kalomel zu erwähnen, das Quecksilber(1)chlorid, das als Arzneimittel Verwendung findet. Der Name Kalomel, der ins Deutsche übersetzt „schön schwarz" bedeutet, ist dadurch veranlaßt, daß das Salz, das an sich weiß aussieht, beim Übergießen mit Ammoniak schwarz wird. Als Desinfektionsmittel für die Hände wird in der Chirurgie das Quecksilber-(2)chlorid, das Sublimat, sehr viel verwendet, da es stark keimtötend wirkt. Sublimat heißt es deshalb, weil es schon seit langer Zeit beim Erhitzen von Quecksilbersulfat mit Kochsalz als Sublimat erhalten wird. Für die ärztliche Praxis kommt es in Form von Pastillen in den Handel, die neben dem Quecksilberchlorid noch Kochsalz enthalten, das die Auflösung des Sublimats in Wasser begünstigt, und die mit einem zugefügten Farbstoff rot gefärbt sind, um die sonst farblose Lösung zu kennzeichnen und Verwechslungen zu vermeiden. Durch Zugabe von Natronlauge wird aus den Lösungen der Quecksilber(2)salze gelbes Quecksilberoxyd abgeschieden. Die hellere Farbe, durch die allein es sich von dem durch Erhitzen entstehenden roten Quecksilberoxyd unterscheidet, ist bedingt durch den feineren Verteilungszustand, der es auch besonders geeignet macht zur Bereitung von Salben. Das Sulfid dagegen kennt man in zwei allotropen Formen: als Zinnober, der sich als Mineral findet, und als schwarzes Pulver, das entsteht, wenn man Schwefelwasserstoff in Lösungen von Quecksilber(2)salzen leitet. Das schwarze Sulfid läßt sich durch Erwärmen mit Alkalisulfidlösung in rotes überführen. So gewinnt man den künstlichen Zinnober, der als Malerfarbe dient. Bei der Gewinnung des Goldes und bei der Feuervergoldung wurden bereits die Amalgame erwähnt. Sie sind Legierungen des Quecksilbers, die meist durch Auflösung des anderen Metalls im Quecksilber entstehen. Bei geringem Gehalt am anderen Metall sind die Amalgame flüssig, anderenfalls fest. Verschiedene Amalgame hat man bisher in der

Zahnmedizin zur Füllung hohler Zähne benutzt, eine Verwendung, gegen die in neuester Zeit ernste Bedenken erhoben worden sind. Besonders der Kupferamalgam erscheint bedenklich, da aus ihm Quecksilber abgegeben wird, das zu chronischen Vergiftungen Anlaß geben kann.

XXII. Die Erdmetalle.

Von den Erdmetallen interessiert uns hier nur das Aluminium näher, während die Metalle der seltenen Erden nur ganz kurz erwähnt werden können. Das Aluminium ist in Verbindungen auf der Erde weit verbreitet. Es ist Bestandteil sehr vieler Mineralien, von denen hier nur der Feldspat, der Kaolin oder der Porzellanton und der Bauxit genannt werden sollen. Das reine Aluminiumoxyd in kristallisierter Form bildet den geschätzten Edelstein Korund. Noch wertvoller ist der Rubin, ebenfalls kristallisiertes Aluminiumoxyd, dem eine kleine Verunreinigung von Chromoxyd die schöne rote Farbe verleiht. Durch Beimengung von Titan und Eisen erhält das Aluminiumoxyd die schöne blaue Farbe, die den Saphir auszeichnet. Auch der unscheinbar aussehende Schmirgel, der aber durch seine Härte als Schleifmaterial brauchbar ist, ist nichts anderes als Aluminiumoxyd.

Die Darstellung des Metalls aus dem Oxyd ist nur sehr schwer zu erreichen. Die von Wöhler 1828 zuerst angegebene Methode, das Aluminium aus dem Chlorid durch Natrium abzuscheiden, lieferte nur relativ kleine Mengen, und die Darstellung der heute gebrauchten Massen war erst möglich, als das von Bunsen gefundene elektrolytische Verfahren verbessert wurde und als man dazu überging, Lösungen von Tonerde in geschmolzenem Kryolith, das ist eine Verbindung aus Aluminium, Fluor und Natrium von der Formel AlF_6Na_3, die sich in beträchtlichen Mengen als Mineral findet, zu elektrolysieren. Aluminium ist ein silberweißes Metall, das durch ein sehr geringes spezifisches Gewicht ausgezeichnet ist, dabei aber eine beträchtliche Festigkeit besitzt, so daß es darin dem bekannten Metall Kupfer nicht nachsteht. Es kann daher zu den verschiedensten Geräten des täglichen Bedarfs verarbeitet werden. Mit anderen Metallen liefert es Legierungen von wertvollen Eigenschaften. Das Duraluminium wird aus Aluminium, Magnesium und Kupfer hergestellt, Legierungen von Aluminium und Kupfer allein, sogenannte Aluminiumbronzen, sind wegen ihrer Elastizität und Festigkeit sehr geschätzt. Die Balken analytischer Wagen werden daraus gefertigt. Setzt man diesen Aluminiumbronzen Zink zu, so wird die Legierung geeigneter zum Guß und läßt sich leichter mechanisch bearbeiten. Infolge seiner großen Dehnbarkeit läßt sich Aluminium auch zu dünnen Drähten ziehen und zu sehr dünnen Blättern auswalzen. Durch Zerreiben dieser Blätter entsteht ein Pulver, das in ähnlicher Weise wie eine Farbe angerührt und als Rostschutz auf eiserne Geräte gestrichen werden kann. Ein Aluminiumgrieß und ein Aluminiumpulver wird schließlich dadurch erhalten, daß man das Metall auf 600° erhitzt und es, wenn es bei dieser Temperatur spröde geworden ist, pulverisiert. Das metallische Aluminium ist an der Luft recht beständig, da es sich mit einer dünnen Oxydhaut bedeckt, die es vor weiterer Einwirkung schützt. Dagegen wird es von Säuren und Laugen und auch von Kochsalzlösungen merklich angegriffen; selbst verdünnte organische Säuren, wie Essigsäure und Zitronensäure, greifen das Metall bei 100° an, was seine Verwendbarkeit natürlich etwas einschränkt.

Wie wir gesehen haben, läßt sich das Aluminium nur sehr schwer unter großem Energieaufwand aus dem Oxyd abscheiden. Um so lebhafter verläuft die umgekehrte Reaktion, die Vereinigung des Aluminiums mit dem Sauerstoff, wenn das Metall auf die nötige Temperatur gebracht ist. Kompakte Stücke lassen sich zwar nicht in der Flamme verbrennen, weil die Wärme infolge des guten Leitvermögens zu rasch abgeleitet wird, so daß die Entzündungstemperatur nicht erreicht wird, wohl aber brennt Blattaluminium, wenn man es in die Flamme hält, oder Aluminiumpulver, das in die Flamme geblasen wird, mit glänzendem Licht; bei Feuerwerkskörpern wird daher den Leuchtsätzen neben Magnesium auch Alu-

miniumpulver zugesetzt. Nicht nur mit freiem Sauerstoff
verbindet sich das Aluminium, sondern es vermag auch Metalloxyden den Sauerstoff zu entziehen und die Metalle in
freiem Zustand abzuscheiden. Diese Reaktion, die, wenn einmal eingeleitet, mit äußerster Lebhaftigkeit und unter enormer Wärmeentwicklung abläuft, hat H. Goldschmidt in
sehr eleganter Weise in seinem Thermitverfahren ausgenutzt.
Dieses Verfahren dient einerseits dazu, hohe Temperaturen
zu erzeugen dadurch, daß ein billiges Oxyd, etwa Eisenoxyd,
mit Aluminium umgesetzt wird, oder man benutzt es, um
schwer schmelzbare Metalle aus ihren Oxyden freizumachen
und sie bei der hohen Reaktionstemperatur gleich zusammen-
zuschmelzen. Um die Reaktion durchzuführen, wird das Metalloxyd mit der erforderlichen Menge Aluminiumgrieß gemischt. Auf die Mischung streut man ein Zündgemisch aus
Aluminium und Bariumsuperoxyd, und darauf setzt man eine
„Zündkirsche", die aus Bariumsuperoxyd und Aluminium ge-
formt ist und in der ein Stück Magnesiumband zum Anzünden steckt. Wird das Magnesiumband entzündet, so setzt es
die Zündkirsche in Brand, die Reaktion pflanzt sich auf das
Zündgemisch fort, und die beim Abbrennen des Zündgemisches
entstehende Wärme genügt, um nun auch die Umsetzung
des Metalloxyds mit dem Aluminiummetall einzuleiten. Das
Metall wird bei der hohen Temperatur flüssig und setzt sich
am Tiegelboden ab. Gemische aus Eisenoxyd und Aluminium
sind unter dem Namen Thermit im Handel. Man verwendet
sie beim Schweißen von Eisenbahnschienen. Das bei der Reaktion entstehende Aluminiumoxyd schmilzt ebenfalls und erstarrt beim Erkalten kristallinisch. Es wird als Ersatz für
den natürlich vorkommenden Schmirgel benutzt und Alundum
genannt. Auch im Knallgasgebläse läßt sich das Aluminiumoxyd schmelzen, und dieses Schmelzverfahren wird bei der
Herstellung der künstlichen Edelsteine angewendet. Tonerdepulver wird mit einer Streuvorrichtung in eine Knallgas-
flamme derart eingestreut, daß die einzelnen geschmolzenen
Partikel auf einen kleinen Kegel von Tonerde fallen, wo sie
sich zu einem großen birnenförmigen Tropfen vereinigen, der
geschliffen werden kann. Zur Erzeugung künstlicher Rubine

wird dem Tonerdepulver ein Zusatz von Chromoxyd gegeben; um die blaue Saphirfarbe herauszubringen, mischt man dem Tonerdepulver Titanoxyd und etwas Eisenoxyd bei.

Das Hydroxyd des Aluminiums zeigt die auch beim Zinkhydroxyd schon beobachtete eigentümliche Eigenschaft, daß es sowohl sauren wie basischen Charakter haben kann. Mit starken Basen bildet es Salze, Aluminate, in denen das Aluminium ein Teil des Anions AlO_3''' ist, während es mit starken Säuren zu Salzen zusammentritt, die ein Aluminiumkation in die Lösung schicken. Die Aluminiumsalze sind in ihren Lösungen ziemlich stark hydrolytisch gespalten, enthalten also Aluminiumhydroxyd. Sie können deshalb in der Färberei als Beize dienen. Man kocht die Stoffe, um sie zu beizen, mit Lösungen von Aluminiumsalzen. Dabei scheidet sich auf der Faser Aluminiumhydroxyd ab, das nun mit einem sauren Farbstoff, in dessen Lösung das Gewebe eingelegt wird, ein schwerlösliches Aluminiumsalz, einen sogenannten Farblack liefert, der fest auf der Faser haftet.

Die Lösungen der Aluminiumsalze wirken schwach antiseptisch und adstringierend, weshalb sie medizinisch verwendet werden. Besonders das Azetat, die essigsaure Tonerde, wird zu Umschlägen, Gurgelwasser und ähnlichen Zwecken verordnet. Das gleiche gilt von dem Alaun, einem Doppelsalz von Aluminiumsulfat und Kaliumsulfat, das schon im Altertum bekannt war. Von dem alumen der Römer, die mit diesem Wort den Alaun bezeichneten, ist ja der Name des Elementes abgeleitet worden. Er kristallisiert aus der Mischung einer gesättigten Aluminiumsulfatlösung mit einer gesättigten Kaliumsulfatlösung aus. Er hat die Formel

$$Al_2(SO_4)_3 \cdot K_2SO_4 + 24\,H_2O,$$

besteht also aus zwei selbständig existenzfähigen Salzen und dissoziiert in der wässerigen Lösung so in die Ionen der Salze, aus denen er besteht, daß die Lösung des Alauns von der Lösung des Gemisches der beiden Salze nicht zu unterscheiden ist. Eine wichtige Aluminiumverbindung ist schließlich noch das Silikat, das als Kaolin und als gewöhnlicher Ton vorkommt. Es entsteht in der Natur durch Zersetzung des

Feldspats durch das Wasser und das Kohlendioxyd der Luft und hat eine Zusammensetzung, die der Formel $Si_2O_9Al_2H_4$ entspricht. Bleibt das Silikat nach der Zersetzung an seiner ursprünglichen Lagerstätte, so bildet es den Kaolin. Wird dieser von seiner Lagerstätte weggewaschen und an anderer Stelle, meist mit Eisenverbindungen, Kalzium- und Magnesiumkarbonat verunreinigt, wieder abgelagert, so haben wir den gewöhnlichen Ton. Beide bilden das Ausgangsmaterial für die Porzellan- und Tonwaren. Bei der Fabrikation dieser Erzeugnisse wird der Ton mit Wasser zu einer plastischen Masse geknetet, die dann bei der Erhitzung erhärtet, ohne zu schmelzen. Man unterscheidet bei den Tonwaren einmal die Fabrikate mit verglastem Scherben, wie Porzellan und Steinzeug, und daneben solche mit porösem Scherben, wie Steingut, Fayence und die unglasiert bleibenden Blumentöpfe und Terrakotten. Porzellan wird aus einer Masse, die aus Kaolin und Feldspatpulver besteht, der auch für bestimmte Sorten noch Quarzpulver an Stelle eines Teils des Feldspats zugesetzt wird, zuerst bei etwa 900^0 gebrannt. Dann werden die Gegenstände mit einer Glasurmasse, die hauptsächlich aus Feldspatpulver, das in Wasser aufgeschlämmt ist, bereitet wird, überzogen und nun bei etwa 1500^0 nochmals gebrannt. Die Porzellanfabrikation war den Chinesen schon im 6. Jahrhundert nach Christo bekannt. In Deutschland ist das erste Porzellan von B ö t t g e r hergestellt worden. B ö t t g e r war als Alchemist an den sächsischen Hof gekommen und wurde, da seine Leistungen nicht befriedigten, gefangengesetzt. In der Gefangenschaft glückte ihm dann um 1709 die Erfindung des Porzellans, das dann in Meißen zuerst fabrikmäßig gemacht wurde. Das Steinzeug wird aus unreinerem Material in einem Brand gewonnen. Die Glasur erzeugt man durch Einstreuen von Kochsalz in den Brand. Die Natriumdämpfe bilden dann mit der Kieselsäure des Tons leicht schmelzbare Silikate, durch die eine oberflächliche Verglasung der Gegenstände bewirkt wird. Für das Steingut und die anderen Fabrikate mit porösem Scherben wird die Masse aus weißbrennendem Ton mit Quarzsand und Feldspat zusammengesetzt. Man brennt zuerst bei $1150—1330^0$, beim zweiten Brand geht man nur bis 900°. Töpfergeschirr besteht aus unreinem Ton, der durch Eisen gewöhnlich rot gefärbt ist. Die Glasur wird hier auch durch verdampfendes Kochsalz erzielt.

Ein Natriumaluminiumsilikat, das noch Schwefel enthält, ist der Lasurstein, der früher als Lapis Lazuli sehr geschätzt wurde, sowohl als Halbedelstein wie als Malerfarbe im gepulverten Zustand. Seit etwa 100 Jahren wird diese Verbindung durch Zusammenschmelzen von Kaolin mit Natriumsulfid in geschlossenen Gefäßen bei heller Rotglut künstlich hergestellt und unter der Bezeichnung Ultramarin in den Handel gebracht. Die Zusammensetzung dieses Produktes ist noch nicht mit voller Sicherheit ermittelt.

Wird ein feingemahlenes Gemisch von Kalkstein und Ton bis zum Sintern erhitzt, so entsteht der Zement, den man auch hydraulischen Mörtel nennt, weil er im Gegensatz zu dem Kalkmörtel, dem Luftmörtel, auch unter Wasser bindet. Je nach der Zusammensetzung und der Brennweise unterscheidet man verschiedene Arten von Zement, wie Portlandzement oder Romanzement. Durch Zusatz von Kies, Sand oder kleingeschlagenen Steinen erhält man den Beton. Er ist kein Bindemittel mehr, sondern ein selbständiges Baumaterial, das, durch Einlegen von Eisenstangen oder Eisenschienen noch zugfester gemacht, als Eisenbeton in der modernen Bautechnik eine wichtige Rolle spielt.

An das Aluminium schließen sich dann mehrere Elemente an, die hier nur kurz erwähnt werden können. Das *Gallium* und das *Indium* sind sehr selten; sie finden sich gelegentlich in Mineralien mit dem Zink zusammen. Das *Thallium* wird aus dem Bleikammerschlamm der Schwefelsäurefabriken gewonnen, da es in den Pyriten, die abgeröstet werden, enthalten ist. Die Elemente Skandium, Yttrium und Lanthan sind ebenfalls selten und finden sich nur in einigen Mineralien, wie Euxenit, Gadolinit und Allanit. Außerdem gehört hierher noch eine Gruppe von Elementen, deren Oxyde man gewöhnlich unter der Bezeichnung seltene Erden zusammenfaßt. Es sind dies die Elemente: Praseodym, Neodym, Samarium, Europium, Gadolinium, Terbium, Dysprosium, Holmium, Erbium, Thulium, Ytterbium, Cassiopeium.

XXIII. Zinn und Blei.

Das Zinn ist ein Metall, das schon im Altertum bekannt war. Die Ägypter bezogen es aus Persien, die Phönizier holten es aus England. Die Römer nannten es stannum, und von diesem Wort rührt das Symbol Sn her, mit dem wir das Zinn bezeichnen. Aus dem einzigen wichtigeren natürlichen Vorkommen, dem Zinnstein, SnO_2, ist es durch Reduktion mit Kohle leicht abzuscheiden, und durch mehrfaches Umschmelzen wird es völlig gereinigt. Es ist ein silberweißes Metall, das bei $231,9^0$ schmilzt und kristallinisch erstarrt. Beim Biegen einer Zinnstange reiben sich die einzelnen Kristalle aneinander, und es entsteht ein knirschendes Geräusch, das „Zinngeschrei". Früher, als das Porzellan noch nicht bekannt war, verfertigte man aus Zinn viele Haus-, Küchen- und Tischgeräte sowie Kunstgegenstände, da sich das Zinn im reinen Zustand gut gießen läßt und auch sehr brauchbare Legierungen gibt, die heute noch in Gebrauch sind, während die Verwendung des reinen Zinns zurückgegangen ist. Da das Zinn sehr geschmeidig und dehnbar ist, läßt es sich bei gewöhnlicher Temperatur zu Blättern ausschlagen und liefert die Zinnfolie oder das Stanniol, das als luftundurchlässiges Verpackungsmaterial dient, das aber jetzt in steigendem Maße durch Aluminiumfolie ersetzt wird. Große Mengen Zinn werden verbraucht für die Fabrikation von Weißblech, das durch Eintauchen von weichem Eisenblech in geschmolzenes Zinn hergestellt wird. Um dem Eisen eine Oberfläche zu geben, an der das Zinn gut haftet, wird es mit Salzsäure vorher abgescheuert. Durch Behandeln mit flüssigem Chlor läßt sich das Zinn vom Eisen wieder ablösen, ein Verfahren, das heute praktische Bedeutung hat für die Rückgewinnung des Zinns aus alten Konservenbüchsen. Mit Quecksilber gibt Zinn ein Amalgam, das man früher zum Belegen der Spiegel benutzte. Mit Rücksicht auf die Giftigkeit des Quecksilbers ist man jetzt von diesem Verfahren abgekommen und gibt den Spiegeln einen Belag von Silber, das man in dünner Schicht auf dem Glas niederschlägt. Das Zinn zeigt ferner eine Eigenschaft, die uns beim Sauerstoff und beim Phosphor bereits begegnet ist, es kommt in zwei allotropen Formen vor, als weißes und als graues Zinn. Das weiße Zinn, das wir aus dem täglichen Leben kennen, ist die unbeständige Form, die nur bei einer Temperatur oberhalb 13° dauernd haltbar ist. Unterhalb dieser Temperatur geht das Zinn in die beständige, graue pulverförmige Modifikation über. Die Umwandlung, die ziemlich langsam vor sich geht, wird sehr stark beschleunigt, wenn das weiße Zinn mit dem grauen in Berührung kommt. An den Stellen, an denen die Berührung stattgefunden hat, beginnt der Zerfall des kompakten Metalls oft unter Bildung warzenförmiger oder beulenartiger Anschwellungen, die mit dem grauen Pulver erfüllt sind, so daß man die Erscheinung Zinnpest genannt hat. Sie ist als Museumskrankheit bekannt und kann Kunstgegenstände aus Zinn völlig zerstören, wenn die Umwandlung nicht rechtzeitig bemerkt wird. Der Vorgang kann aufgehalten werden durch Übergießen mit heißem Wasser, da dadurch alle Keime des grauen Zinns in weißes übergeführt und vernichtet werden.

In Salzsäure löst sich Zinn unter Wasserstoffentwicklung auf und bildet ein Salz, das Stannochlorid oder das Zinn(2)-chlorid, $SnCl_2$, das auch Zinnsalz genannt wird, ein in der Technik und im Laboratorium viel verwendetes Reduktionsmittel. Im Chlorstrom verbrennt Zinn zu Zinntetrachlorid, $SnCl_4$, einer rauchenden Flüssigkeit, die nach ihrem Entdecker im Beginn des 17. Jahrhunderts Spiritus fumans Libavii genannt wurde. Mit Wasser bildet das Zinnchlorid, das auch als Stannichlorid und als Zinn(4)chlorid bezeichnet wird, ein Hydrat von der Formel $SnCl_4 \cdot 5 H_2O$, das in der Färberei und besonders zum Beschweren der Seide gebraucht wird. Durch Glühen des Metalls an der Luft bildet sich eine Sauerstoffverbindung, das Zinndioxyd, auch Stannioxyd oder Zinn(4)oxyd genannt, von der Formel SnO_2, die als Säureanhydrid beim Schmelzen mit Alkalihydroxyden Salze, die Stannate, bildet, von denen das Natriumsalz, $Na_2Sn(OH)_6$, das sogenannte Präpariersalz, in der Färberei Verwendung findet. Das Musivgold, das zu Malereizwecken und zum Bronzieren dient, ist eine Schwefelverbindung des Zinns, nämlich das Zinn(4)sulfid von der Formel SnS_2. In der Porzellanmalerei wird das Zinndioxyd benutzt zur Herstellung von Email, und ebenso dient es zur Fabrikation des Milchglases, da es Glasflüsse milchigweiß trübt und gleichzeitig ihre Beständigkeit gegen Temperaturwechsel und chemische Agentien erhöht.

Zur Gewinnung des *Bleies*, dem man, vom lateinischen Wort plumbum abgeleitet, das Symbol Pb gegeben hat, geht man hauptsächlich von dem Sulfid, dem Bleiglanz, aus, der sich im Harz, in Oberschlesien und im Erzgebirge in beträchtlichen Mengen findet und aus dem sich das Blei ziemlich leicht abscheiden läßt. Man kann entweder das Sulfid mit Eisenabfällen oder mit Eisenerz und Kohle zusammenschmelzen, wobei im Sinne der Gleichung

$$PbS + Fe = FeS + Pb$$

das Eisen den Schwefel bindet, so daß das Blei in Freiheit gesetzt wird, oder man kann ein Röstverfahren anwenden. Dabei wird der Bleiglanz zunächst unvollkommen geröstet, so daß ein Teil davon in Oxyd und in Sulfat übergeht, was man durch die Gleichungen

$$2\,PbS + 3\,O_2 = 2\,PbO + 2\,SO_2\,; \quad PbS + 2\,O_2 = PbSO_4$$

wiedergeben kann. Dann wird das entstandene Gemisch höher erhitzt, und zwar unter Luftabschluß, wodurch der Schwefel zu Schwefeldioxyd verbrennt und das Blei metallisch abgeschieden wird im Sinne der Gleichungen:

$$PbS + 2\,PbO = 3\,Pb + SO_2,\,; \quad PbS + PbSO_4 = 2\,Pb + 2\,SO_2$$

Blei ist ein bläulichweißes Metall, das das hohe spezifische Gewicht von 11,4 besitzt und bei 327^0 schmilzt; es ist dehnbar, so daß es zu Blättern ausgewalzt und zu Draht gezogen werden kann, der aber nur sehr geringe Festigkeit zeigt. Es ist so weich, daß es sich mit dem Messer schneiden läßt, und auf der frischen Schnittfläche zeigt es schönen Metallglanz, der aber an der Luft rasch verloren geht, da es sich mit einer Oxydschicht bedeckt, so daß es gewöhnlich grau aussieht. Diese Oxydschicht schützt das Metall vor weiterer Veränderung, und es ist infolgedessen völlig luftbeständig. Von reinem Wasser wird Blei angegriffen; es entsteht zunächst unter Mitwirkung des im Wasser gelösten Sauerstoffs Bleihydroxyd, das in reinem Wasser löslich ist. Auch Wasser, das freie Kohlensäure gelöst enthält, kann Blei unter Bildung von Bikarbonat auflösen, dagegen bedeckt sich das Blei in Wasser, das die Bikarbonate der Erdalkalien oder deren Sulfate gelöst hat, mit einer unlöslichen Schicht von Karbonat, die jede weitere Berührung des Metalls mit dem Wasser verhindert, so daß in gewöhnlichem Quellwasser das Blei praktisch unlöslich ist. Man kann daher Bleiröhren zu Leitungen für gewöhnliches Quellwasser verwenden, nicht aber für destilliertes Wasser oder Regenwasser. Salzsäure und Schwefelsäure greifen Blei nur wenig an, da sich das Metall mit einem schützenden Überzug der schwerlöslichen Salze bedeckt; aus dem gleichen Grunde kommt auch bei der Einwirkung von konzentrierter Salpetersäure die Reaktion alsbald zum Stillstand, während in verdünnter Salpetersäure, die das entstehende Bleinitrat aufnimmt, das Metall in Lösung geht. Wegen seiner Beständigkeit gegen Schwefelsäure benutzt man Bleiplatten zum Auskleiden der Bleikammern der Schwefelsäurefabriken und zur Herstellung der Pfannen, in denen die Schwefelsäure durch Eindampfen konzentriert wird. Seit der Erfindung der Handfeuerwaffen verarbeitet man Blei zu Gewehrkugeln und Flintenschrot; letzteren stellt man aus Blei her, das etwas Arsen enthält und daher härter ist als das reine Blei. Man treibt das geschmolzene Metall durch Siebe und läßt die entstehenden Tropfen aus großer Höhe in Wasser fallen. Während des Falls durch die Luft nehmen die einzelnen Tropfen Kugelgestalt an und erstarren in dieser Form, wenn sie ins Wasser kommen. Auch durch Zusatz von Antimon kann man dem Blei größere Härte verleihen; das Letternmetall, aus dem die Lettern für den Buchdruck gefertigt werden, besteht aus einer Legierung von Blei und Antimon, die meistens auch noch etwas Zinn enthält. Aus Blei und Zinn setzt sich das Schnellot zusammen, das zur Verbindung von Metallstücken dient; es ist härter als seine beiden Komponenten, hat aber einen tieferen Schmelzpunkt.

Von den Verbindungen des Bleies haben wir das Blei(2)-
oxyd, die sogenannte Bleiglätte, bereits kennengelernt als
Nebenprodukt bei der Gewinnung des Silbers aus silberhal-
tigem Blei, wo sie durch das Erhitzen des Bleies an der Luft
entsteht. Man braucht sie bei der Bereitung von Bleigläsern,
von Firnis und von Pflastern. Das zugehörige Hydroxyd,
$Pb(OH)_2$, hat ähnlich wie die Hydroxyde von Zink, Aluminium
und Zinn amphoteren Charakter und löst sich in Alkalilauge
unter Bildung von Plumbit auf. Vierwertig ist das Blei im
Bleisuperoxyd oder Blei(4)oxyd, PbO_2, mit dem die Platten
der Akkumulatoren belegt sind.

Zum Bau eines Akkumulators preßt man in zwei gitter-
förmige Gerüste, die aus Blei bestehen, eine Paste von Bleioxyd ein und stellt die so entstandenen Platten in einem Gefäß, das 20%ige Schwefelsäure enthält, parallel miteinander
und nahe beieinander auf. Dann verbindet man sie mit einer
starken Batterie oder mit einer Dynamomaschine und läßt
den Strom so lange wirken, bis an beiden Platten eine gleich-
mäßige Gasentwicklung einsetzt, die durch die Zersetzung
der Schwefelsäure bedingt ist. Das Bleioxyd ist dann an der
einen Platte zu Blei reduziert, an der anderen zu Bleisuperoxyd oxydiert worden. Zwischen den beiden Elektroden, die
nun verschieden geworden sind, besteht jetzt eine Spannung,
und es kann aus dem Akkumulator Strom entnommen werden,
bis die beiden Platten wieder gleich sind. Bei der Entladung
gibt nämlich das Bleisuperoxyd mit der Schwefelsäure Bleisulfat, $PbSO_4$, wobei es sich reduziert, und das Blei liefert
ebenfalls Bleisulfat und oxydiert sich dabei im Sinne der
Gleichung:

$$Pb + PbO_2 + 2\,H_2SO_4 = 2\,PbSO_4 + 2\,H_2O$$

Durch die Entladung wird also Schwefelsäure verbraucht,
die Konzentration der Schwefelsäure sinkt und ihr spezifisches Gewicht nimmt ab. Wird der Akkumulator aufgeladen,
so geht der in der Gleichung formulierte Vorgang rückwärts,
es wird freie Schwefelsäure zurückgebildet, bis Konzentration
und spezifisches Gewicht ihren anfänglichen Betrag wieder
erreicht haben.

Das Bleisuperoxyd ist ebenso wie das Zinn(4)oxyd ein Säureanhydrid und kann mit Basen Salze bilden, die sogenannten Plumbate, die sich von einer Bleisäure, $Pb(OH)_4$, oder der wasserärmeren Form PbO_3H_2 ableiten. Als ein Bleisalz der Bleisäure ist das Oxyd Pb_3O_4 aufzufassen, die Mennige, die mit Öl angerieben eine unübertreffliche Anstrichfarbe für Eisen ist und auch sonst als rote Farbe Verwendung findet. Mit Glyzerin angerieben gibt sie einen gasdichten Kitt, mit dem die Verschraubungen bei Gasleitungsröhren gedichtet werden. Man stellt sie aus der Bleiglätte her, indem man diese an der Luft auf 3oo—4oo° erhitzt.

Von den Salzen des Bleies hat besonders das Karbonat, das Bleiweiß, als Malerfarbe praktische Bedeutung. Man gewinnt es nach dem holländischen Verfahren, indem man Bleiplatten in irdene Töpfe stellt, die etwas Rohessig enthalten und die in ein Gemisch von Gerberlohe und Mist eingestellt werden, nachdem man sie mit Bleideckeln lose verschlossen hat. Der gärende Mist entwickelt Wärme und Kohlendioxyd, das auf das im Essig gelöste Blei einwirkt und es als Karbonat fällt. In dem Maße, in dem die Fällung erfolgt, wird das Bleisalz nachgebildet, bis schließlich die Platten vollständig in Bleiweiß übergegangen sind. Beim deutschen Verfahren setzt man Bleiblechstreifen den Dämpfen von Essigsäure aus, die gleichzeitig mit Kohlendioxyd, das von einer Koksfeuerung geliefert wird, durch den durchlöcherten Boden der Kammern, in denen die Bleistreifen aufgehängt sind, eindringen. Das Bleiweiß wird wegen seiner Deckkraft besonders geschätzt, wenn es auch den Nachteil hat, daß es mit Schwefelwasserstoff, der als Verunreinigung häufig in der Luft enthalten ist, infolge der Bildung schwarzen Schwefelbleies sich dunkel färbt. Durch Behandlung mit Wasserstoffsuperoxyd kann man das Bleisulfid in weißes Bleisulfat überführen und dadurch die nachgedunkelten Weißen auf alten Bildern wiederherstellen.

Sowohl das metallische Blei wie die Bleiverbindungen sind giftig und erzeugen, wenn sie in den Organismus aufgenommen werden, schwere Krankheitserscheinungen. Auch kleine Mengen von Blei, wie sie sich z. B. von Lettern beim Ge-

brauch abreiben, wirken schädlich, ebenso wie bleihaltige Öl-
farben, die besonders leicht durch die Haut aufgenommen
werden. Die Giftmischer des Altertums und des Mittelalters
stellten aus Bleisalzen die sogenannten „Erbschaftspulver“
her, mit denen man einen Menschen unter relativ unauffälli-
gen Krankheitserscheinungen beseitigen konnte. Die Pulver
bestanden gewöhnlich aus Bleiweiß oder aus Bleiazetat, dem
sogenannten Bleizucker, den man wegen seines süßen Geschmacks gesüßten Speisen oder Getränken unauffällig bei-
mischen konnte.

XXIV. Die seltenen Elemente der Kohlenstoff- und Stickstoffgruppe.

Das *Germanium* gehört zu den Elementen, die von Mendelejeff auf Grund des periodischen Systems mit ihren
Eigenschaften und Verbindungen richtig vorausgesagt worden sind. Es wurde zuerst im Argyrodit von Winkler entdeckt und es findet sich als geringe Verunreinigung (0,01 %)
in einigen Zinkblenden. Neuerdings hat man in Südwest-
afrika bei Tsumeb ein sulfidisches Kupfererz gefunden, das
6,2 % Germanium enthält und das man daher Germanit genannt hat.

Das *Titan* findet sich in der Natur als Dioxyd TiO_2. Die
Mineralien Rutil, Brookit, Anatas und Edisonit sind kristallo-
graphisch verschiedene Formen des Titandioxyds. Basalt enthält meist nachweisbare Mengen von Titandioxyd, und schließlich ist es ein Bestandteil vieler eisenhaltiger Erze, besonders
des Titaneisens, $(FeTi)_2O_3$. Das Metall dient zur Herstellung
von Titanstahl, der wegen seiner hohen Widerstandsfähigkeit
gegen Schlag und Stoß besonders zu Eisenbahnrädern verarbeitet wird. Das Dioxyd benutzt man bei der Porzellanmalerei zur Erzeugung gelber Farbtöne und dementsprechend
auch bei der Fabrikation künstlicher Zähne.

Das *Zirkonium* findet sich hauptsächlich als Bestandteil
einer Siliziumverbindung, $ZrSiO_4$, die Zirkon genannt wird.

Das Oxyd ZrO_2 ist weiß und hat die Eigenschaft, ähnlich wie Zinndioxyd, Glasflüsse weiß zu trüben; es findet daher bei der Emaillefabrikation Verwendung. Infolge seines hohen Schmelzpunktes (etwa 2500°) eignet es sich besonders zur Fabrikation von Schmelztiegeln und anderer feuerfester Gerätschaften. Im Knallgasgebläse erhitzt, leuchtet es sehr intensiv und liefert ein für Projektionsapparate und photographische Aufnahmen geeignetes Licht, das sogenannte Zirkonlicht. Da es Röntgenstrahlen absorbiert, wird es bei der Untersuchung von Magen und Darm mit Röntgenstrahlen den Patienten als schattenerzeugendes Mittel eingegeben und ersetzt das früher verwendete Bariumsulfat. Wegen ihrer völligen physiologischen Indifferenz sind die unter dem Namen Kontrastin gehenden Zirkonerdepräparate für diesen Zweck besonders geeignet.

Mit dem Zirkonium gehört eng zusammen das *Hafnium*, das in neuester Zeit von G. v. Hevesy und D. Coster in Zirkonmineralien aufgefunden wurde und seinen Namen nach Hafniae = Kopenhagen erhalten hat. Es ist in seinem analytischen Verhalten dem Zirkonium so ähnlich, daß die Trennung nur sehr schwer zu erreichen war.

Das *Cerium* findet sich hauptsächlich im Monazitsand, der im wesentlichen aus den Phosphaten der seltenen Erden besteht und den man in Unkenntnis seiner Zusammensetzung wegen seines hohen spezifischen Gewichts als Ballast in die von Brasilien nach Hamburg heimkehrenden Schiffe verlud. Es bildet zwei Oxyde, von denen sich zwei Salzreihen ableiten. Das Metall, das aus dem Chlorid durch Elektrolyse gewonnen wird, ist eisengrau und verbrennt an der Luft leicht zu Cerdioxyd CeO_2. Kleine Partikel, wie sie durch Feilen oder Schaben entstehen, entzünden sich sogar freiwillig an der Luft. In den Cereisenfeuerzeugen werden von einer Legierung, die 70% Cer und 30% Eisen enthält, Späne abgefeilt oder abgerieben, die sich an der Luft entzünden und den benzingetränkten Docht in Brand setzen.

Das *Thorium* findet sich ebenfalls im Monazitsand und wird in Form seines Nitrats, $Th(NO_3)_4 \cdot 6\,H_2O$, in großem Maßstab in der Beleuchtungstechnik für die Herstellung der Glühstrümpfe verwendet. Bei der Fabrikation der Glüh-

strümpfe, die beim Auerlicht durch die nichtleuchtende
Flamme eines Bunsenbrenners zum Glühen und Leuchten erhitzt werden, tränkt man Seidengewebe mit einer Lösung von
Thornitrat, der eine kleine Menge Cernitratlösung zugesetzt
ist. Nach dem Trocknen wird die organische Substanz des
Strumpfs abgebrannt, so daß ein Aschenskelett hinterbleibt,
das zu 99% aus Thoroxyd und zu 1% aus Ceroxyd besteht.
Um dem Strumpf für Verpackung und Transport die nötige
Festigkeit zu geben, wird er durch Tränken mit einer Kollo-
diumlösung mit einer dünnen Kollodiumhaut überzogen, die
bei der Benutzung abbrennt.

Das *Vanadium* findet sich in der Natur in Form von Vana-
daten, das sind die Salze einer Vanadinsäure, die der Phosphorsäure entspricht. Das freie Metall, dessen Darstellung
sehr schwierig war und das man heute durch Reduktion des
Oxydes V_2O_3 mit Aluminium erhält, ist hart und eisenähnlich.
Bei der Stahlfabrikation wird es dem Werkzeugstahl zugesetzt
und erhöht dessen Härte und Leistungsfähigkeit. Beim Erhitzen an der Luft verbrennt es zu einem Pentoxyd, das in der
Technik bei manchen Oxydationsprozessen als Katalysator zugesetzt wird.

Niob und *Tantal* finden sich in der Natur in Form von
Niobaten und Tantalaten. Die freien Metalle können aus den
Pentoxyden, den Anhydriden der Niob- und Tantalsäure durch
Reduktion mit Aluminium dargestellt werden. Sie sind dann
allerdings noch mit Aluminium verunreinigt, das aber durch
starkes Erhitzen im Vakuum verdampft werden kann. Beide
Metalle sind eisengrau und haben hohe spezifische Gewichte.
Das Tantal wird wegen seines hohen Schmelzpunktes (2850°)
zu Metallfäden für elektrische Glühlampen verarbeitet.

XXV. Chrom, Molybdän, Wolfram, Uran.

Diese Elemente gehören in die Sauerstoffgruppe des periodischen Systems. Sie haben alle durchaus metallischen Charakter, bilden aber alle ein Trioxyd, das dem Schwefeltrioxyd

entspricht, also ein Säureanhydrid ist, von dem sich Salze, die Chromate, Molybdate, Wolframate, Uranate herleiten.

Das *Chrom* bildet meist gefärbte Verbindungen, daher hat es seinen von $\chi\varrho\tilde{\omega}\mu\alpha$ = Farbe stammenden Namen und das Symbol Cr bekommen. Man gewinnt es aus dem Chromoxyd Cr_2O_3 durch Reduktion mit Aluminium nach dem Goldschmidtschen Verfahren. Es ist ein silberweißes, sehr hartes Metall, das Glas ritzt und sich an der Luft nicht oxydiert. Wichtiger als das Metall, das nur zur Verbesserung von Stahl verwendet wird, sind die Verbindungen, in denen es drei- und sechswertig erscheint. Vom dreiwertigen Chrom leitet sich das Chrom(3)oxyd, Cr_2O_3, ab, das als Malerfarbe verwendet wird. Das Hydroxyd, $Cr(OH)_3$, ist die Basis der Chromi- oder Chrom(3)salze. Da es aber amphoteren Charakter hat, so bildet es auch mit Basen Salze, die man Chromite nennt. Ein Doppelsalz, das aus Chrom(3)sulfat und Kaliumsulfat besteht, ein Analogon des Aluminiumalauns, ist der Chromalaun, der in der Gerberei bei der Herstellung des Chromleders gebraucht wird. Sechswertig ist das Chrom in den Chromaten und Bichromaten, die für die Bereitung von Farben und von Beizen für die Färberei benutzt werden. Man gewinnt sie aus dem wichtigsten Chromerz, dem Chromeisenstein, durch Erhitzen an der Luft unter Zusatz von Kalk und Pottasche und nachheriger Umsetzung des Kalziumchromates mit heißer Kaliumsulfatlösung, durch die das Kalziumchromat $(CaCrO_4)$ in Kaliumchromat (K_2CrO_4) übergeführt wird, während sich das Kalzium als unlösliches Sulfat abscheidet. Aus der Lösung kristallisiert das Kaliumchromat. Durch Zusatz einer Säure gehen die Chromate in Bichromate über, von denen das Kaliumbichromat $(K_2Cr_2O_7)$ und das Natriumbichromat $(Na_2Cr_2O_7)$ die wichtigsten sind. Chromate und Bichromate und ebenso das Chromsäureanhydrid CrO_3, das durch konzentrierte Schwefelsäure aus gesättigter Bichromatlösung abgeschieden wird, sind starke Oxydationsmittel, die in der organischen Großtechnik viel benutzt werden. Auch in der Photographie und bei der Autotypie finden sie Anwendung, da Gelatine oder Leim, die mit Bichromatlösungen behandelt wurden, durch Belichtung in

Wasser unlöslich werden. Bei der Autotypie wird eine Metallplatte mit chromathaltiger Gelatine oder chromathaltigem Leim überzogen und dann unter einem photographischen Negativ belichtet. Es wird nun an allen hellen Stellen des Negativs die Gelatine unlöslich, während sie unter den dunkeln Stellen löslich bleibt, und nach einer Behandlung mit warmem Wasser ist an den unbelichteten Stellen das Metall für eine Ätzung freigelegt. Das photographische Verfahren des Pigmentdrucks beruht darauf, daß von einem Papier, das mit einer farbhaltigen Gelatineschicht überzogen ist und das in einer Kaliumbichromatlösung gebadet und dann wieder getrocknet wurde, nach dem Belichten unter einem Negativ die Farbe an den vom Licht getroffenen Stellen mit warmem Wasser nicht abgespült werden kann, während an den unbelichteten Stellen die Gelatine löslich bleibt und samt der Farbe weggewaschen wird. Eine sehr wertvolle, prachtvoll gelbe Malerfarbe, mit der auch die Postwagen angestrichen werden, ist das Bleichromat, $PbCrO_4$, das Chromgelb, das durch Fällen einer Bleisalzlösung mit Natriumchromatlösung erhalten wird.

Das *Molybdän* wird aus dem Molybdänglanz, MoS_2, durch Zusammenschmelzen mit Kalk und Flußspat im elektrischen Ofen dargestellt. Setzt man es dem Stahl zu, so entsteht der wertvolle Molybdänstahl. Das Oxyd MoO_3 ist das Anhydrid der Molybdänsäure H_2MoO_4, der Muttersubstanz der Molybdate.

Das *Wolfram* wird ebenfalls besonders in der Stahlindustrie gebraucht. Der Wolframstahl ist sehr hart, so daß man daraus Messer zum Glasschneiden machen kann. Auch Bohrer für Stahl stellt man aus Wolframstahl her und kann mit ihnen das Eisen auch in der Hitze bearbeiten, weil der Wolframstahl im Gegensatz zum gewöhnlichen Stahl beim Erhitzen nicht weich wird. Von allen Metallen hat das Wolfram den höchsten Schmelzpunkt ($3380\,^0$); es ist infolgedessen sehr geeignet zur Herstellung der feinen Drähte, die in den elektrischen Lampen durch den Strom zum Glühen und Leuchten erhitzt werden. Auch die Antikathoden der Röntgenröhren macht man aus Wolfram, ebenso wie die Heizröhren für elektrische Öfen. Das Metall erhält man aus dem Trioxyd durch Erhitzen im Wasserstoffstrom oder durch Reduktion mit Aluminium. Für das Trioxyd ist das beste Ausgangsmaterial der Wolframit, ein Eisenwolframat, $FeWO_4$, das mit überschüssiger Soda im Flammofen zwei Stunden auf 800^0 erhitzt wird. Das entstandene Natriumwolframat zetzt man zunächst mit Kalziumchlorid zu schwerlöslichem Kalziumwolframat um und zerlegt dieses Salz mit Salpetersäure, wobei das Trioxyd sich abscheidet.

Das Mineral, das für die Darstellung des *Urans* und seiner Verbindungen hauptsächlich in Betracht kommt, ist das Uranpecherz, das im wesentlichen aus dem Oxyd U_3O_8 und etwas Bleiuranat besteht, aber noch eine Reihe anderer Elemente als Beimengungen enthält. Aus ihm erhält man durch Schmelzen mit Soda und Salpeter und Auslaugen der Schmelze mit Wasser das unlösliche Natriumuranat Na_2UO_4. Dieses löst man in Schwefelsäure und gibt Soda im Überschuß zu. Es fallen die verunreinigenden Metalle als Karbonate, und das Uran bleibt als Natriumuranylkarbonat in Lösung. Aus dieser Lösung kann es mit Säuren als Natriumdiuranat, $Na_2U_2O_7 + 6\,H_2O$, abgeschieden werden. Außer diesen Salzen, in denen das Uran sechswertig ist, gibt es auch noch Verbindungen des vierwertigen Elementes. So kennt man noch das Oxyd UO_2, das rein basisch ist und durch Erhitzen im Wasserstoffstrom aus den anderen Oxyden erhalten wird, so daß man es zuerst für das Metall selbst ansah. Die Uranylsalze sind Derivate des Hydroxyds $UO_2(OH)_2$, das sowohl basisch wie sauer sein kann und in dem sich die Gruppe UO_2 wie ein Radikal verhält. Das wichtigste von den Uranylsalzen ist das Nitrat $UO_2(NO_3)_2 + 6\,H_2O$. Durch Reduktion dieser Uranysalze mit Zink und Säure entstehen die Uranosalze, die grün gefärbt sind, während die Uranysalze gelbe Farbe mit grüner Fluoreszenz zeigen. Das Metall wird aus dem Urantetrachlorid gewonnen, das man mit metallischem Natrium zusammenschmilzt. Mit Uranoxyd färbt man Glasflüsse intensiv gelb, und Uranylsalze werden in der Photographie als Tonbäder für Bromsilberkopien und als Verstärker im Negativprozeß verwendet.

XXVI. Mangan.

Das Mangan ist auf der Erde ziemlich verbreitet. Zu seinen wichtigsten Verbindungen gehört der Braunstein, MnO_2, der schon lange bei der Glasfabrikation zum Entfärben des Glases dient, ferner der Hausmannit, Mn_3O_4, der Manganspat, $MnCO_3$, und andere. Das Mangan selbst kann aus den Oxyden leicht dargestellt werden durch Reduktion mit Aluminium nach dem Goldschmidtschen Verfahren. Es ist ein weißes, hartes Metall vom spezifischen Gewicht 7,1, das beim Erhitzen an der Luft Anlauffarben zeigt, Wasser zersetzt und von Säuren leicht gelöst wird. Das Metall wird für sich allein technisch nicht verwendet, wertvoll sind aber seine Legierungen, das Ferromangan, der Manganstahl und die Manganbronze, die aus 3o% Mangan und 7o% Kupfer besteht. Bei der Salzbildung und in seinen sonstigen Verbindungen zeigt das Mangan eine sehr wechselnde Wertigkeit. Zweiwertig ist es zunächst in den Manganosalzen, den Mangan(2)salzen, die rosa gefärbt sind und von denen das Sulfat das bekannteste ist. Dreiwertig ist es in den Manganisalzen, den Mangan(3)-salzen, die wenig beständig sind und praktisch nur sehr selten vorkommen. Im Braunstein ist es vierwertig. Vom Braunstein leiten sich Salze in zweierlei Weise ab. Einerseits kann das Mangandioxyd, auch Mangan(4)oxyd bezeichnet, bei der Salzbildung sich wie ein basisches Oxyd unter Wasserbildung in der Säure auflösen, dann entstehen Salze des vierwertigen Mangans, die nicht sehr beständig sind. Wie wir beim Chlor sahen, zersetzt sich das Mangantetrachlorid unter Abgabe von Chlor und geht in das Mangan(2)chlorid über. Andererseits kann das Hydrat des Braunsteins, MnO_3H_2, mit Basen Salze bilden, die Manganite, von denen das Kalziummanganit praktische Bedeutung hat. Bei der technischen Darstellung von Chlor aus Braunstein und Salzsäure muß der relativ teuere Braunstein aus der abfallenden Manganchlorürlauge zurückgewonnen werden. Zu diesem Zweck wird der Lauge gelöschter Kalk zugesetzt und Luft hindurchgeblasen. Es oxydiert sich das zuerst ausfallende Manganhydroxyd, $Mn(OH)_2$, zu

hydratischem Braunstein, $MnO(OH)_2$, der mit dem überschüssigen Kalziumhydroxyd das Kalziummanganit, MnO_3Ca,
bildet, den nach dem Entdecker des Verfahrens genannten
Weldonschlamm, ein Produkt, das ohne weiteres wieder zur
Chlorentwicklung mit Salzsäure dienen kann.

Schmilzt man eine Manganverbindung mit Soda und Salpeter oder Kaliumchlorat auf dem Platinblech oder in einem
kleinen Tiegel zusammen, so entsteht eine tiefgrün gefärbte
Schmelze, die aus Kalium- und Natriummanganat besteht.
Die Manganate sind Salze der Mangansäure, H_2MnO_4, die
sich von dem Oxyd MnO_3 ableitet, in dem das Mangan sechswertig ist. Mit steigender Wertigkeit ändern die Oxyde des
Mangans also ihren chemischen Charakter. Während die
niederen Oxyde basisch sind, erweisen sich die höheren als
Säureanhydride. Die den Manganaten zugrunde liegende Mangansäure ist im freien Zustand wenig beständig. Sie oxydiert
sich selbst zur Übermangansäure, indem ein Molekül Mangansäure in Braunstein übergeht, so daß ein Atom Sauerstoff
zur Oxydation zweier anderer Moleküle verfügbar wird im
Sinne der Gleichung:

$$
\begin{array}{l}
\ce{HO\bond{...}Mn<O\\O}\quad
\ce{HO\\HO}Mn\ce{<O\\O}
\cdots
\end{array}
= H_2O + \ce{HO\\HO}Mn=O + 2\,\ce{HO\\O}Mn\ce{<O\\O}
$$

Übermangansäure

Da die Übermangansäure und ihre Salze intensiv violette
Lösungen bilden, so ist der Oxydationsvorgang mit einem auffallenden Farbwechsel verbunden. Die Mangansäure wird nun
aus ihren Salzen schon durch das Kohlendioxyd der Luft in
Freiheit gesetzt, und eine Lösung von Manganat ändert, wenn
sie an der Luft steht, nach einiger Zeit von selbst ihre Farbe,
so daß man das Manganat früher mineralisches Chamäleon
genannt hat, ein Name, der dann auch auf das übermangansaure Kalium übergegangen ist. Das übermangansaure Ka-

lium, das Kaliumpermanganat, ist ein sehr gutes Oxydationsmittel, das in der Technik viel benutzt wird. Auch im Arzneischatz hat es seinen Platz gefunden, da es wegen seiner stark
oxydierenden Eigenschaften auch desinfizierend wirkt und als
Gurgelwasser und zu Spülungen Verwendung findet. Wenn
es oxydierend wirkt, so geht es bei Gegenwart von Säure in
das Manganosalz über, das in Lösung nahezu farblos ist.
Wegen dieses frappanten Farbenwechsels ist es zum Nachweis reduzierender Substanzen sehr geeignet. Im festen Zustand bildet das Kaliumpermanganat bronzebraune Kristalle,
die metallischen Glanz zeigen.

Ebenfalls in die siebente Reihe des periodischen Systems
gehören noch zwei Elemente mit den Ordnungszahlen 43 und
75. Von W. und J. Noddack sind in Gemeinschaft mit
O. Berg kürzlich im norwegischen Kolumbit zwei neue Metalle gefunden worden, die die bisherige Lücke ausfüllen. Sie
haben die Namen *Masurium* und *Rhenium* erhalten.

XXVII. Eisen, Nickel, Kobalt.

Von allen Metallen ist das Eisen das wohlfeilste und das
nützlichste. Im gediegenen Zustande findet es sich nur ganz
selten, und zwar ist es dann in Gestalt von Körnern in manchen Gesteinen, wie Basalt oder Glimmerschiefer, einge-
sprengt. Blöcke von gediegenem Eisen hat man bis jetzt nur
an der Westküste von Grönland auf der Insel Disko gefunden.
Eisenmeteore, die gelegentlich aus dem Weltenraum auf die
Erde fallen, bestehen zum größten Teil aus gediegenem Eisen,
enthalten aber immer noch Nickel als Beimengung. Solches
gediegenes, gefundenes Eisen, das kalt gehämmert werden
konnte, lieferte dem Menschen wohl zuerst das Material für
eiserne Geräte und Waffen. Aber auch die Gewinnung des
Eisens aus den Erzen scheint schon frühzeitig betrieben worden zu sein, wenn auch zuerst mit sehr primitiven Methoden.
Im ganzen Altertum erhitzte man Eisenoxyd, das man als
Erz fand, in Gruben oder niedrigen Tonöfen unter Ver-

wendung von Blasebälgen zur Glut, bis nach einigen Stunden
ein schwammiger Eisenklumpen entstanden war, der geschmiedet werden konnte. Bei den Römern hieß das Eisen ferrum.
Von diesem Wort ist das Symbol Fe genommen. Auch heute
noch sind die Sauerstoffverbindungen des Eisens das beste
Ausgangsmaterial für seine Gewinnung. Vier Erze sind es, die
in erster Linie in Betracht kommen: das Magneteisenerz,
Fe_3O_4, der Eisenspat, $FeCO_3$, das Roteisenerz, Fe_2O_3, und
das Brauneisenerz, dem etwa die Formel $FeO(OH)$ zukommt.
Weniger gut ist der Eisenkies oder Pyrit, FeS_2, der erst durch
Rösten vom Schwefel befreit und in Oxyd
übergeführt werden muß. Die Gewinnung
des Eisens aus den Sauerstoffverbindungen erfolgt durch Reduktion mit Kohlenoxyd und Kohle im Hochofen, von dem
die Abb. 14 einen schematisch gezeichneten Schnitt darstellt. Ein Hochofen ist ein
Schachtofen, ein turmartiger Bau von 20
bis 30 m Höhe, der innen mit feuerfesten
Steinen ausgemauert ist. Von oben durch
die Gicht G wird er umschichtig mit Erz,
Koks und Zuschlag beschickt. Der Zuschlag hat den Zweck, mit dem Gestein
des Erzes beim Schmelzen eine leichtflüssige Schlacke zu bilden, daher richtet

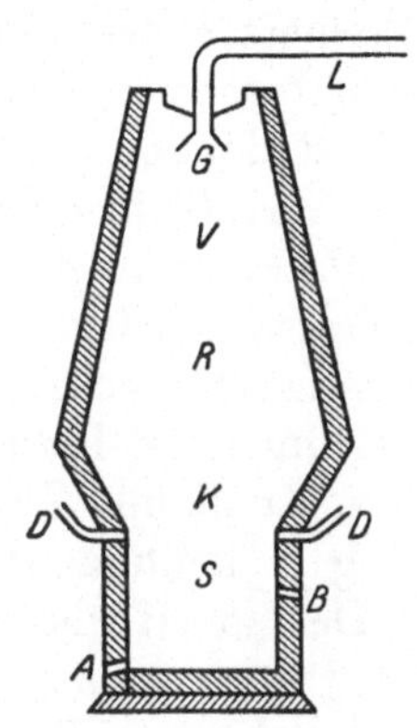

Abb. 14. Hochofen.
(schematisch)

er sich auch nach der Zusammensetzung des Gesteins, das
das Erz begleitet. Besteht dieses aus Silikaten, so benutzt
man Kalk als Zuschlag, besteht es aber aus den Karbonaten von Kalzium und Magnesium, so wird Quarz oder Feldspat zugesetzt, damit sich das leicht schmelzende Kalziumsilikat bilden kann, das als Schlacke das Eisen vor der Berührung mit der Luft schützt. Die Erhitzung des Ofens erfolgt durch heiße Luft, die durch Röhren oder Düsen D vom
Sockel des Ofens her eingeblasen wird. Innerhalb des Hochofens unterscheidet man verschiedene Zonen. In der Vorwärmezone, unterhalb der Gicht, wird das eingebrachte Material zunächst getrocknet und aufgelockert. In der darauf
folgenden Reduktionszone R, in der eine Temperatur von 500

bis 900° herrscht, wird das Eisenoxyd durch das von unten
kommende Kohlenoxyd zu Eisen reduziert. Das überschüssige
Kohlenoxyd verläßt den Hochofen durch die Gicht. Früher
ließ man dieses Kohlenoxyd ungenutzt entweichen, heute
leitet man das sogenannte Gichtgas durch L ab und verbrennt
es entweder unter Dampfkesseln oder man treibt Explosions-
motore damit. In der Kohlungszone K nimmt das Eisen Kohle
auf, wird dadurch leichter schmelzbar und verflüssigt sich in
der Schmelzzone S unter gleichzeitiger vollständiger Reduktion durch den Koks, der dabei das zur ersten Reduktion des
Eisenerzes erforderliche Kohlenoxyd liefert. Ferner bildet
sich hier die flüssige Schlacke, und schließlich erfolgt hier
die Reduktion des Mangans und der Phosphorverbindungen
aus den Beimengungen des Eisenerzes. Unter der flüssigen
Schlacke sammelt sich das flüssige Eisen und kann bei A ab-
gelassen werden, während bei B die Abstichöffnung für die
flüssige Schlacke sich befindet. In dem Maße, in dem das
geschmolzene Eisen unten den Ofen verläßt, wird von oben
Erz, Kohle und Zuschlag nachgefüllt, so daß der Ofen jahre-
lang in kontinuierlichem Betrieb bleiben kann.

Das im Hochofen gewonnene Eisen heißt Roheisen und
wird noch weiter in graues Gußeisen und weißes Roheisen
unterschieden. Ersteres ist reich an Kohlenstoff — es enthält davon 3—4% —, der sich beim Erkalten als Graphit
abscheidet und dadurch die dunkle Farbe bedingt. Es ist
sehr geeignet zum Guß, da es die Formen gut ausfüllt, so
daß die Gußstücke scharfe Kanten bekommen. Es enthält
meist 2,5% Silizium und nur wenig Mangan. Bei steigendem
Mangangehalt wird beim Erkalten kein Graphit abgeschieden,
und das Eisen ist dann weißes Roheisen oder auch Spiegel-
eisen, das bei einem Gehalt von 6—20% Mangan 5% Kohlenstoff enthalten kann. Das weiße Roheisen schmilzt schon
bei 1050°, füllt aber beim Guß die Formen nicht gut aus
und ist wegen seiner Härte schwer zu bearbeiten. Wird graues
Roheisen in stark gekühlte Formen gegossen, so scheidet
sich infolge der raschen Abkühlung der Graphit an der
Oberfläche nicht aus, und es entsteht der Hartguß, das
sind Gußstücke, die innen aus grauem Gußeisen bestehen,

während die Oberfläche von hartem, weißem Roheisen gebildet wird.

Das Roheisen wird weiterverarbeitet zu Schmiedeeisen und Stahl. Zur Erzeugung des Schmiedeeisens muß ihm der Kohlenstoff zum allergrößten Teil entzogen werden, da Schmiedeeisen nicht mehr als 0,6% Kohlenstoff enthalten soll. Ebenso werden auch alle anderen Beimengungen möglichst vollständig entfernt. Der Schmelzpunkt steigt dadurch auf 1450—1500°. Schmiedeeisen wird daher nicht gegossen, vielmehr wird es, da es schon weit unter seinem Schmelzpunkt weich wird, durch Hämmern und Pressen in die gewünschte Form gebracht. Es ist auch schweißbar, d. h. es können zwei Stücke bei genügender Erhitzung durch Hämmern miteinander verbunden werden, wobei nur die Oberfläche frei von Oxyd sein muß, was durch Aufstreuen von Borax, der die Oxyde löst, erreicht wird. Es ist sehr fest und dehnbar, aber weich, und es läßt sich durch rasches Abkühlen nicht härten. Wird dem Schmiedeeisen Kohlenstoff zugeführt, so entsteht der Stahl, der einen Kohlenstoffgehalt von 0,6—1,5% hat und der sich dadurch härten läßt, daß man ihn glühend in Wasser taucht, ihn abschreckt. Er schmilzt bei 1300—1400°, läßt sich daher gießen und, da er, geradeso wie das Schmiedeeisen, vor dem Schmelzen erweicht, auch schmieden. Zur Erzeugung des Stahls dient heute fast ausschließlich das Bessemer-Verfahren und das Siemens-Martin-Verfahren.

Bei dem ersten Verfahren wird das geschmolzene Roheisen in einen Konverter, das ist ein birnenförmiger Behälter, auch Bessemerbirne genannt, gebracht, der senkrecht zu seiner Längsachse drehbar ist. Durch den Boden des Konverters, der mit Sieblöchern versehen ist, wird Luft eingepreßt, die durch das geschmolzene Eisen hindurchströmt und den Kohlenstoff, das Silizium und das Mangan verbrennt, wobei die Temperatur auf 2000° ansteigen kann. Der Behälter ist innen mit einem feuerfesten Futter ausgekleidet, das je nach dem zu verarbeitenden Roheisen entweder aus Ton und Quarzsand oder aus Kalk und Magnesia besteht. Das kalkhaltige Futter wird besonders bei phosphorhaltigem Roheisen benutzt. Es nimmt das Phosphorpentoxyd, das aus dem verbrennenden

Phosphor entsteht, auf und bildet damit Kalziumphosphat, das im gemahlenen Zustand ein wertvolles Düngemittel ist, das wir beim Phosphor schon unter dem Namen Thomasschlacke oder Thomasmehl kennengelernt haben. Aus dem Schmiedeeisen, das in der Bessemerbirne entsteht, wird Stahl hergestellt durch Zugabe der erforderlichen Menge geschmolzenen kohlenstoffreichen Eisens, das man mit dem im Konverter befindlichen Schmiedeeisen durch kurzes Blasen vermischt.

Beim Siemens-Martin-Verfahren wird das Roheisen, von dem man ausgeht, mit so viel Abfall von Schmiedeeisen zusammengeschmolzen, daß das Gemisch den für den Stahl erwünschten Kohlenstoffgehalt bekommt. Das Zusammenschmelzen wird auf einem Herd ausgeführt, auf dem das Eisen durch Generatorgasfeuerung erhitzt wird, also mit dem Brennmaterial der Kohle nicht in Berührung kommt und demgemäß auch keine Kohle aus dem Brennmaterial aufnehmen kann.

Zur Verbesserung des Stahls werden ihm seit neuerer Zeit noch verschiedene Metalle wie Chrom, Nickel, Wolfram, Molybdän und Vanadin zugesetzt, was bei der Betrachtung dieser Metalle bereits erwähnt wurde. Der Zusatz dieser Metalle kann erst nach der Entziehung des Kohlenstoffs aus dem Roheisen erfolgen, da bei dieser Operation die zugesetzten Metalle mit verbrannt würden. Man schmilzt daher den fertigen Stahl nach Zugabe der Beimengung noch einmal um. Früher geschah dies in Graphittiegeln, deren Deckel mit Lehm verkittet waren, um den Zutritt der Luft zu vermeiden, heute erzeugt man die zum Schmelzen erforderliche Wärme durch den elektrischen Strom in geschlossenen Öfen, weshalb das Erzeugnis auch als Elektrostahl bezeichnet wird.

Reines Eisen erhält man am besten durch Reduktion des Eisenoxyds im Wasserstoffstrom. Auf diese Weise wird das Ferrum reductum der Apotheken hergestellt. Unter geeigneten Versuchsbedingungen und bei richtiger Wahl der zu reduzierenden Verbindung kann man das Eisen bei dieser Reduktion in so fein verteilter Form erhalten, daß es pyrophorisch ist, d. h. es verglüht an der Luft unter Oxydation, und wenn man das fein verteilte Eisenpulver aus der Röhre, in der es bereitet wurde, herausschüttet, so gibt es an der

Luft einen Funkenregen. Im kompakten Zustand wird das Eisen von trockener Luft nicht angegriffen; an feuchter Luft rostet es, indem das in der Luft enthaltene Kohlendioxyd mit der Feuchtigkeit zusammen das Eisen zuerst in saueres Eisenkarbonat überführt, das dann durch den Luftsauerstoff zu Eisenhydroxyd oxydiert wird. Durch Zusatz von Chrom und Nickel ist es gelungen, das Eisen gegen die Einwirkung der feuchten Luft völlig unempfindlich zu machen. Der nichtrostende V2a-Stahl von Krupp, der sogar gegen 30%ige Salpetersäure bei einer Temperatur von 40^0 noch beständig ist, enthält 25% Kohlenstoff, 20% Chrom und 7% Nickel.

In seinen Verbindungen ist das Eisen zwei- und dreiwertig. Das einfachste Oxyd, das in der Natur rein nicht vorkommt, hat die Formel FeO. Man nennt es heute Eisen(2)oxyd, früher wurde es als Eisenoxydul oder als Ferrooxyd bezeichnet. Von ihm leiten sich die Eisen(2)salze, früher Ferrosalze, ab, die entstehen, wenn Eisen in nichtoxydierenden Säuren aufgelöst wird, wie z. B. der Eisenvitriol $FeSO_4 + 7 H_2O$, der durch Auflösen von Eisen in verdünnter Schwefelsäure hergestellt wird. Ein Abkömmling des dreiwertigen Eisens ist das Oxyd Fe_2O_3, das Eisen(3)oxyd, früher Ferrioxyd genannt, zu dem das Hydrat $Fe(OH)_3$, Eisen(3)hydroxyd, gehört, die Basis der Eisen(3)salze, die man früher Ferrisalze nannte. Das bekannteste von ihnen ist das Eisen(3)chlorid, $FeCl_3 + 6 H_2O$, das auch in der Medizin als blutstillendes Mittel Verwendung findet. Eine besondere Klasse unter den Eisensalzen bilden die Eisenzyanverbindungen, in denen das Eisenatom mit sechs Zyangruppen zu einem Komplex vereinigt ist, der sauren Charakter hat und mit Metallen sich zu Salzen vereinigen kann. Das wichtigste von ihnen ist das Ferrozyankalium, $K_4Fe(CN)_6$, das gelbe Blutlaugensalz, so genannt, weil man es früher aus tierischen Abfällen gewann durch Erhitzen mit Pottasche und Eisenspänen und nachheriges Auslaugen der entstandenen Masse. Jetzt wird es aus der Gasreinigungsmasse der Leuchtgasfabriken dargestellt, die das Zyangas aus dem Leuchtgas zurückhält. Diese Eisenzyanverbindungen bilden bei der Auflösung im Wasser und bei der dabei eintretenden Dissoziation ein komplexes Eisenzyanion, in dem das Eisen von den Zyan-

gruppen umringt und so festgehalten wird, daß es durch
Reagentien, wie Natronlauge oder Ammoniak, die das Eisen-
ion als Hydroxyd fällen, nicht nachgewiesen werden kann.
Andererseits kann die Ferrozyanwasserstoffsäure, die diesem
Salz zugrunde liegt, ebenso wie mit Kalium und anderen Metallen auch mit Eisen ein Salz bilden, das sogenannte Berliner-
blau, das entsteht, wenn man Ferrisalze mit Ferrozyankalium
zusammenbringt. Durch Oxydationsmittel läßt sich das Ferrozyankalium in das Ferrizyankalium, das rote Blutlaugensalz,
überführen, das die Formel $K_3Fe(CN)_6$ hat.

Nickel, das, wie beim Eisen erwähnt, ein ständiger Be-
standteil der Meteorite ist, wird auf der Erde kaum gefunden,
ebenso sind reine Nickelerze selten. Am wichtigsten für die
Gewinnung des Nickels ist ein Magnesiumnickelsilikat, der
Garnierit, der in großen Mengen aus Neukaledonien kommt,
und die aus Kanada stammenden nickelhaltigen Magnetkiese.
Die Isolierung des Nickels aus dem Erz durch Röst- und
Reduktionsoperationen ist sehr umständlich und kompliziert.
Wesentlich einfacher ist das von M o n d gefundene Verfahren, bei dem das Nickel in feiner Verteilung im Kohlenoxyd-
strom erhitzt wird, wobei es sich mit dem Kohlenoxyd zu
einer leicht flüchtigen Flüssigkeit verbindet, dem Nickeltetrakarbonyl $Ni(CO)_4$. Man kann auf diese Weise das
Nickel aus dem durch Rösten vorbereiteten Erz verflüchtigen.
Das Nickeltetrakarbonyl zerfällt beim Erhitzen auf höhere
Temperatur wieder in Kohlenoxyd und Nickel, das sich pul-
verförmig abscheidet. Zu kompakten Stücken zusammengeschmolzen ist es weiß; es schmilzt bei 1452 ^{0} und ist an der
Luft unveränderlich. Salzsäure und Schwefelsäure lösen es
schwer, Salpetersäure leicht. Hauptsächlich wird es verwendet,
um andere Metalle zu überziehen, entweder durch Aufwalzen
oder auf galvanischem Wege in der beim Kupfer beschriebenen Weise. Auch zu Legierungen ist es sehr geeignet. Das
Argentan oder Neusilber besteht aus 50% Kupfer, 25%
Nickel und 25% Zink, und die Nickelmünzen, die im alten
Deutschen Reich im Umlauf waren, enthielten 25% Nickel
und 75% Kupfer. In seinen Salzen erscheint das Nickel stets
zweiwertig. Sie sind meist grün gefärbt. Ein Oxyd Ni_2O_3,

das Nickeldioxyd, leitet sich vom dreiwertigen Nickel ab, ist aber nicht zur Salzbildung befähigt.

Das *Kobalt* wird hauptsächlich aus dem Speiskobalt, $CoAs_2$, und aus dem Glanzkobalt, CoAsS, gewonnen, indem man die Erze zuerst röstet, und das entstandene Kobaltoxyduloxyd, Co_3O_4, mit Kohle oder Wasserstoff reduziert. Das Metall schmilzt bei 1490⁰, ist silberweiß und wird von der Luft nicht angegriffen. Salpetersäure löst es leicht, in Schwefelsäure und in Salzsäure ist es schwer löslich. Während des Krieges wurde es häufig an Stelle des knapp werdenden Nickels zum Überziehen von Metallen benutzt. Neuerdings wird eine Legierung aus 10—15% Chrom und 85—90% Kobalt, Stellit genannt, zusammengeschmolzen, die von Säuren wenig angegriffen wird und die man wegen ihrer Härte zu Meißeln und Bohrern und ähnlichen stark beanspruchten Werkzeugen verarbeitet. Abgesehen von dem bereits erwähnten Kobaltoxyduloxyd bildet das Kobalt noch zwei weitere Oxyde, das Oxydul CoO, das Kobaltooxyd oder auch Kobalt(2)-oxyd, und das Kobaltioxyd oder Kobalt(3)oxyd, Co_2O_3. Die von dem Kobaltooxyd abgeleiteten Kobaltosalze oder Kobalt(2)salze sind in Lösung oder im kristallwasserhaltigen Zustand rot, wasserfrei dagegen blau. Schreibt man mit einer Kobalt(2)chloridlösung auf Papier, wobei man keine Stahlfeder benutzen darf, da diese die Kobaltlösung zersetzt, so sind die Schriftzüge nach dem Trocknen nicht zu sehen. Sie treten aber mit blauer Farbe hervor, wenn das Papier erwärmt wird, weil dann das wasserarme Kobaltsalz entsteht. Lösungen von Kobaltchlorür wurden daher früher als sympathetische Tinten benutzt. Auch den Feuchtigkeitsgehalt der Luft kann man an der Färbung der Kobaltsalze ungefähr erkennen. Ein mit alkoholischer Kobalt(2)chloridlösung getränktes Läppchen erscheint bei trockener Luft blau und bei feuchter Luft rötlich. Eine intensiv blau gefärbte Kobaltverbindung ist das Silikat die Smalte, die in feinpulverisiertem Zustand eine wertvolle Malerfarbe ist. Vom dreiwertigen Kobalt leiten sich die zahlreichen Komplexsalze ab, die dieses Element bildet, von denen die Kobaltamminsalze schon nach Tausenden zählen und auf die hier nicht näher eingegangen werden kann.

XXVIII. Die Platinmetalle.

Als Platinmetalle werden die Metalle bezeichnet, die sich
mit dem Platin zusammen finden, nämlich das Ruthenium,
das Rhodium, das Palladium, das Osmium und das Iridium.
Ihr Hauptfundort ist der Ural, der 95% der Gesamtproduk-
tion liefert, andere Fundstätten liegen in Brasilien, Mexiko,
Borneo und in Tasmanien. Sie kommen stets gediegen vor
und werden aus den Sanden oder dem zertrümmerten Gestein durch Waschen gewonnen. Man unterscheidet leichte
und schwere Platinmetalle. Zu den leichten gehören die drei
erstgenannten, zu den schweren die zwei letzten und das
Platin selbst. *Ruthenium* ist ein sprödes, sehr schwer schmelz-
bares Metall. Der Schmelzpunkt liegt über 1950°. Es ist unlöslich in Säuren und wird selbst von Königswasser, auch
wenn es fein verteilt ist, nur schwer angegriffen. Ihm ähnlich ist das *Osmium*, das das höchste spezifische Gewicht von
22,48 hat und ebenfalls einen sehr hohen Schmelzpunkt,
gegen 2500°. Es hat deswegen bei der Herstellung von Glühlampen als Glühdraht Verwendung gefunden, ist aber vom
Tantal und dann vom Wolfram verdrängt worden. Das *Rhodium* ist durch seine schöne silberweiße Farbe und durch
seine Widerstandsfähigkeit gegen Säuren — selbst Königswasser kann ihm nichts anhaben — ausgezeichnet. Es schmilzt
bei 1970°, ist dehnbar und läßt sich gut hämmern. Das
Palladium ist das Platinmetall, das am leichtesten schmilzt
(1557°) und das am leichtesten von Säuren angegriffen wird.
Es löst sich leicht in Königswasser und auch in warmer Salpetersäure, in Salzsäure dagegen nur, wenn es in feiner Verteilung ist. Besonders bemerkenswert ist seine Fähigkeit, gasförmigen Wasserstoff aufzunehmen und sich damit zu legie-
ren. Am leichtesten erfolgt die Aufnahme des Wasserstoffs,
wenn man ein Palladiumblech als Kathode bei einer elektrolytischen Zersetzung von Wasser verwendet. Aber auch gas-
förmiger Wasserstoff wird von Blech oder Draht aufgenommen, wenn man es auf 100° erwärmt und es dann im Wasserstoffgas erkalten läßt. Das äußere Aussehen des Metalls

verändert sich dabei nicht, obwohl es das Sechshundertfache seines Volums an Wasserstoff aufnimmt. Das mit Wasserstoff beladene Metall reduziert sehr energisch, da der Wasserstoff durch das Palladium aktiviert oder noch reaktionsfähiger gemacht wird. Das *Iridium* ist im Platinerz gewöhnlich mit dem Platin zu Platiniridium und mit dem Osmium zu Osmiridium legiert. Es ist härter als das Platin, schmilzt schwerer (2360^0) und wird auch von Säuren schwerer angegriffen. In Königswasser löst es sich nur in feinverteiltem Zustand und nach kräftigem Glühen überhaupt nicht mehr. Es wird hauptsächlich zu einer Platiniridiumlegierung verarbeitet, die 90% Platin und 10% Iridium enthält. Diese Legierung ist härter und widerstandsfähiger gegen chemische Einflüsse als das Platin selbst und wird daher zur Herstellung der verschiedensten Laboratoriumsapparate benutzt. Auch auf die Spitzen der Goldfedern in den Füllfederhaltern wird ein Iridiumplättchen aufgesetzt, das durch seine Härte die Abnutzung verhütet. Das wichtigste Element der Gruppe ist das *Platin*. Es ähnelt den anderen im Aussehen, es ist grauweiß und metallglänzend. Sein Schmelzpunkt liegt bei 1770^0. Es ist weich und dehnbar, so daß es zu dünnem Blech ausgehämmert und zu feinen Drähten ausgezogen werden kann. Dank seiner Widerstandsfähigkeit gegen Säure und seiner geringen Oxydationsneigung eignet es sich vorzüglich zur Herstellung der verschiedensten Gerätschaften für chemische Arbeiten sowohl im Laboratorium als auch im technischen Betrieb. Da es denselben Ausdehnungskoeffizienten wie das Glas hat, können Platindrähte in Glas eingeschmolzen werden, wie z. B. die Stromzuführungsdrähte in den elektrischen Glühlampen. In der Zahntechnik fertigt man Zahnfassungen aus Platin und ebenso die Stifte, die zur Befestigung der sogenannten Stiftzähne dienen. Da das Feuer der Diamanten und der sanfte Glanz der Perlen durch eine Fassung aus Platin noch gehoben werden, ist das Platin auch zum Schmuckmetall geworden, und die Preissteigerungen, denen es dauernd unterworfen ist, gehen zum Teil auch auf den erhöhten Bedarf der Juwelierindustrie an Platin zurück.

Löst man das Platin in Königswasser auf, wobei Platinchlorwasserstoffsäure, H_2PtCl_6, entsteht, und fällt es dann mit einem Reduktionsmittel wieder aus, so erhält man ein fein verteiltes samtschwarzes Pulver, das Platinschwarz oder Platinmohr genannt wird. Gibt man zu der Lösung der Platinchlorwasserstoffsäure eine Chlorammoniumlösung hinzu, so entsteht der Platinsalmiak, $(NH_4)_2PtCl_6$, das Ammoniumsalz der Platinchlorwasserstoffsäure, das sich, da es schwerlöslich ist, aus der Lösung abscheidet. Filtriert man dieses Salz ab und glüht es, so bleibt der Platinschwamm zurück. Platinmohr und Platinschwamm zeigen sehr stark katalytische Wirkungen. So können sie beispielsweise die Vereinigung von Wasserstoff und Sauerstoff schon bei gewöhnlicher Temperatur herbeiführen, worauf das Döbereinersche Feuerzeug (S. 99) beruht, ebenso wie die Gasanzünder der jetzigen Zeit. Bei diesen strömt das Leuchtgas gegen eine aus Platinmohr gepreßte Pille, die an dünnen Platindrähten befestigt ist. An dem Platinmohr vereinigt sich der im Leuchtgas enthaltene Wasserstoff mit dem Sauerstoff der Luft. Durch die bei der Vereinigung entwickelte Wärme kommen die Platindrähte zum Glühen, und an den glühenden Drähten entzündet sich das Leuchtgas. Daß katalytische Reaktionen nicht nur im kleinen, sondern im allergrößten Maßstab durchgeführt werden, haben wir bei der Fabrikation der Schwefelsäure und der Salpetersäure bereits gesehen. Eine katalytische Wirkung des Platins haben wir auch bei den Desinfektionslampen und Rauchverzehrern, die zur Reinigung und Verbesserung der Luft in Wohnräumen verwendet werden. Es sind dies einfache Spirituslampen, über deren Docht eine Hülse aus Platinnetz oder durchlöchertem Platinblech gesetzt ist. Man füllt die Lampe mit reinem Spiritus oder auch mit Methylalkohol, zündet sie an und löscht sie durch kurzes Bedecken mit der gläsernen Schutzkappe wieder aus, sobald das Platin glühend geworden ist. Entfernt man dann sofort die Kappe wieder, so glüht das Platin in den Dämpfen, die von dem Docht der Lampe ausgehen, weiter, und der Methylalkohol wird zu Formaldehyd oxydiert, der desinfizierend wirkt. Da die Verbrennung nicht vollständig ist, lassen sich mit einer solchen Lampe auch wohlriechende Stoffe, die man dem

Brennstoff zusetzt, in einem Raum verteilen. Noch feiner verteilt als Platinmohr ist Platin, das sich in kolloidaler Lösung befindet. Solche Lösungen kann man erzeugen, wenn man Platin elektrisch zerstäubt, indem man zwischen zwei Platinelektroden unter Wasser einen elektrischen Lichtbogen überschlagen läßt, oder dadurch, daß man Platin aus stark verdünnten Lösungen durch ein Reduktionsmittel abscheidet. Solche Lösungen zeigen eine sehr starke katalytische Wirkung, und Spuren davon können beispielsweise eine große Menge Wasserstoffsuperoxyd zum Zerfall bringen. Besonders interessant ist, daß derartige Lösungen und auch Katalysatoren im festen Zustand vergiftet werden können durch Stoffe, die auch auf lebende Organismen als Gifte wirken. So kann ein Platinsol durch eine geringe Menge Blausäure völlig unwirksam gemacht werden. Ähnlich wirkt Arsenik auf den Platinkatalysator bei der Fabrikation der Schwefelsäure nach dem Kontaktverfahren, das sich erst erfolgreich ins große übertragen ließ, als man erkannt hatte, daß es erforderlich sei, die Röstgase völlig von dem Arsentrioxyd zu befreien, das sich ihnen beim Abrösten arsenhaltiger Schwefelerze beimischt.

XXIX. Die radioaktiven Elemente.

Im Jahre 1896 hat Becquerel beobachtet, daß Uransalze, die in die Nähe einer in lichtdichtes Papier gewickelten photographischen Platte gebracht wurden, einen ähnlichen Effekt hervorriefen wie Röntgenstrahlen und bewirkten, daß sich die Platte beim Entwickeln schwärzte. Noch stärker war die Wirkung beim Uranpecherz, dem Ausgangsmaterial für die Gewinnung der Uransalze, so daß Marya Curie, die dieses Mineral zuerst prüfte, zu der Auffassung kam, es müsse in diesem Mineral noch eine Substanz enthalten sein, die wesentlich wirksamer sei als das Uran. Aus den Rückständen der Uransalzfabrikation aus Pechblende gelang es dann zusammen mit dem Erdalkali Barium, das als Sulfat gefällt wurde, das Sulfat eines neuen Elementes abzuscheiden. Nach

Überführung in die Halogenide ergab sich, daß es möglich war, das Chlorid und später das Bromid des neuen Elementes durch Unterschiede in der Löslichkeit durch Kristallisation vom Bariumsalz zu trennen. Bei diesen Versuchen wurden 2000 kg Pechblenderückstände verarbeitet, die schließlich 0,2 g des Bromides lieferten. Das freie Element selbst konnte durch Elektrolyse dargestellt werden. Es wurde eine Lösung des Chlorids elektrolysiert, und als Kathode benutzte man Quecksilber, mit dem sich das abgeschiedene Element amalgamierte. Beim Verdampfen des Quecksilbers aus dem Amalgam blieb es als ein glänzend weißes Metall zurück, das bei 700⁰ schmolz, an der Luft sich veränderte und Wasser rasch zersetzte. Sein Atomgewicht war 226. Wegen seiner Eigenschaft, Strahlen auszusenden, die auf die photographische Platte wirken, erhielt das neue Element den Namen Radium, das Strahlende, und die Eigenschaft, Strahlen auszusenden, nannte man Radioaktivität. Leichter und empfindlicher als mit der photographischen Platte ließ sich die Radioaktivität auf elektrischem Wege messen. Die von dem Radium ausgesandte Strahlung macht die Luft zu einem Leiter der Elektrizität, so daß ein geladenes Elektroskop bei Annäherung eines radioaktiven Stoffes entladen wird. Durch Beobachtung der Zeit, in der die Blättchen eines geladenen Elektroskops durch eine bestimmte Menge radioaktiver Substanz in bestimmtem Abstand zum Zusammenfallen gebracht werden, kann man die Radioaktivität messen und verschiedene Präparate miteinander vergleichen.

Es hat sich gezeigt, daß die Strahlung, die vom Radium ausgeht, nicht einheitlich ist, und man hat drei Strahlenarten unterschieden. Die α-Strahlen sind Materieteilchen, die abgeschleudert werden, und zwar Heliumatome, die in der Luft absorbiert werden und die durch eine Glasplatte oder durch eine Metallplatte von 0,1 mm Stärke aufgehalten werden. Die zweite Strahlenart sind die β-Strahlen, die aus negativen Elektronen bestehen und von dem Kern des Atoms abgegeben werden. Sie sind viel durchdringender als die α-Strahlen. Die γ-Strahlen schließlich, die dritte Strahlenart, sind Röntgenstrahlen. Sie bestehen nicht aus Materie, sondern sie sind

Ätherwellen von einer Wellenlänge von 10^{-10} cm. Sie durchdringen die Luft und auch mäßig dicke Metallschichten und erzeugen eine Wirkung wie die von einer Röntgenröhre ausgehenden Strahlen. Auch im magnetischen Feld zeigen die drei Strahlenarten verschiedenes Verhalten: die γ-Strahlen werden überhaupt nicht, die α-Strahlen nach der einen, die β-Strahlen nach der anderen Seite abgelenkt. Diese Aussendung von Strahlen geht parallel mit einer freiwilligen Zersetzung des Radiums, auf die wir keinen Einfluß haben, die wir weder beschleunigen noch verlangsamen können, und die mit einer sehr bedeutenden Wärmeentwicklung verbunden ist. 1 g Radium gibt in einer Stunde 132,6 cal ab und hat daher eine etwas höhere Temperatur als seine Umgebung. Außerdem aber hat sich gezeigt, daß von dem Radium ständig eine Ausströmung ausgeht, die sogenannte Emanation. Diese Emanation ist ein Gas, das man bei -65^0 zu einer wasserhellen Flüssigkeit verdichten kann. Sie ist das, was von dem Radium nach Abgabe eines Heliumatoms übrigbleibt und sollte demnach das Atomgewicht $226 - 4 = 222$ haben; gefunden hat man den Wert 223. Ebenso wie das Radium zerfällt die Emanation, für die man den Namen Niton gewählt hat, weiter in eine Reihe von Zerfallsprodukten, die man als Radium A, B, C, D, E, F und G bezeichnet hat. Von diesen Zerfallsprodukten sind die meisten nur kurze Zeit beständig und daher nicht in wägbarer Menge isoliert worden; sie konnten nur durch ihr elektrisches Verhalten erkannt und charakterisiert werden, während andere eine wesentlich längere Lebensdauer haben. Das Radium F ist das Polonium, das dem Wismut gleicht und das etwa gleichzeitig mit dem Radium entdeckt wurde, und das Radium G ist das Blei. Ihm ähnelt so stark, daß es nicht von ihm getrennt werden kann, das Radium D, das von K. A. H o f - m a n n und S t r a u ß Radioblei genannt worden ist. Ebenfalls ein Abkömmling des Urans ist das Protoaktinium, das dem Tantal ähnlich ist und aus dem das Aktinium entsteht. Unabhängig dagegen vom Uran ist das Thorium und seine Zerfallsprodukte, von denen das Mesothorium das bekannteste ist, das im Monazitsand sich findet und vom Thor durch Ammoniakfällung getrennt werden kann. Die große Zahl der Zer-

fallsprodukte der radioaktiven Substanzen machte erhebliche
Schwierigkeiten, als man versuchte, sie in das periodische
System einzureihen, denn es waren nicht mehr genug freie
Plätze vorhanden. Die Schwierigkeiten wurden aber beseitigt
durch den Begriff der Isotopie. Das Wort, das von dem grie-
chischen $\check{\iota}\sigma\sigma\varsigma$ = gleich und $\tau\acute{o}\pi\sigma\varsigma$ = Stelle abgeleitet ist, besagt, daß mehrere Elemente sich an der gleichen Stelle des
periodischen Systems finden können, und es hat sich gezeigt,
daß dies nicht nur bei den radioaktiven Elementen der Fall
ist, sondern auch bei einer ganzen Reihe der beständigen Elemente. Man hat für eine solche Gruppe von Elementen, die an
einer Stelle des periodischen Systems stehen, den Namen
Plejade angenommen. Eine Plejade haben wir z. B. beim
Blei, das mit Radium G, Radium B, Thorium B, Aktinium B,
Radium D, Thorium D und Aktinium D isotop ist. Solche
Isotopien kommen, wie F a j a n s gezeigt hat, zustande durch
die Entstehungsweise der einzelnen Zerfallsprodukte der radioaktiven Elemente. Wie schon erwähnt, werden beim Zerfall
des Radiums α-Strahlen ausgesandt, aus denen Helium entsteht. Durch diese Abgabe von Helium verringert sich das
Atomgewicht um vier Einheiten. Gleichzeitig vermindert sich
aber auch die Kernladung um die zwei Ladungen, die zu dem
α-Teilchen gehören. Damit wird die Ordnungszahl, die von
der Kernladung abhängt, um zwei Einheiten kleiner, und das
Element rückt um zwei Plätze nach links. Werden nun durch
β-Strahlung zwei negative Ladungen aus dem Kern abgegeben, wodurch das Atomgewicht sich praktisch nicht verändert, so ist die Kernladung und damit die Ordnungszahl
wieder die gleiche geworden wie vorher, und das Zerfalls-
produkt steht wieder auf dem gleichen Platz wie das Mutter-
element, hat aber ein um vier Einheiten kleineres Atomgewicht als dieses. So geht das Uran I mit dem Atomgewicht 238 und der Ordnungszahl 92 durch α-Strahlung in
das Uran X_1 mit dem Atomgewicht 234 und der Ordnungszahl 90 über. Dieses verwandelt sich unter Abgabe von
β-Strahlung in das Uran X_2 mit dem Atomgewicht 234 und
der Ordnungszahl 91 und geht dann unter abermaliger Abgabe von β-Strahlung in das Uran II über, das wieder die

Kernladung 92 hat. Es ist somit isotop mit dem Uran I, hat aber das Atomgewicht 234. Das Blei hat nach den genauesten Bestimmungen das Atomgewicht 207,2. Radium G ist aus dem Uran entstanden durch Abgabe von acht α-Teilchen oder Heliumatomen, müßte also um 32 Einheiten im Atomgewicht niedriger sein und somit das Atomgewicht 206 haben. Tatsächlich hat Hönigschmidt für Blei aus einem reinen kristallisierten Uranerz das Atomgewicht 206,05 gefunden. Das Radium G oder das Uranblei ist also isotop mit dem gewöhnlichen Blei trotz deutlich verschiedenen Atomgewichts. Durch die von den radioaktiven Substanzen ausgehenden Strahlen werden chemische Wirkungen ausgelöst. Das Halogensilber der photographischen Platte wird verändert, weißer Phosphor wird in roten umgewandelt, aus Sauerstoff bildet sich Ozon, Wasser wird zersetzt, und umgekehrt kann durch die Strahlung die Vereinigung des Knallgases herbeigeführt werden. Auf die lebende Zelle wirkt die α-Strahlung und noch mehr die β-Strahlung sehr energisch ein, und es können durch unvorsichtige Handhabung von Radiumpräparaten schwere Schädigungen der Haut und des Gewebes verursacht werden. Andererseits hat man gerade diese zerstörende Wirkung der Radiumstrahlung auf die Zelle zur Bekämpfung der wuchernden Krebszellen zu verwenden gesucht, allerdings erst mit sehr bescheidenem Erfolg.

Eine ganz besonders interessante Wirkung der α-Strahlen hat schließlich Rutherford festgestellt. Er hat gefunden, daß aus Stickstoff, der der Einwirkung von α-Strahlen ausgesetzt wurde, teilweise Wasserstoff wird, weil von α-Teilchen getroffene Stickstoffatome zertrümmert werden und als Bruchstücke Wasserstoffatome liefern. Die gleiche Erscheinung hat sich bei späteren Versuchen auch noch bei anderen Elementen gezeigt. Wir sind daher wohl zur Annahme berechtigt, daß alle Elemente mit Ausnahme von Wasserstoff und Helium und vielleicht noch Lithium durch α-Strahlen von hoher Geschwindigkeit zertrümmert werden können, so daß wir in den Elementen Wasserstoff und Helium vielleicht die letzten Bausteine aller Elemente zu sehen haben.

Namen- und Sachverzeichnis.

(Die Namen sind gesperrt gesetzt.)